Deepen Your Mind

序

👆 **如果您有這些需求:**

> 我要自己下廣告!

> 我要找廣告代操!

> 我要經營FB和IG!

> 我的帳號被鎖...怎辦?

建議您使用企業管理平台

「廣告代理商」不會告訴你的投廣小秘密

很多人在 Facebook 下廣告時,都是從貼文下方的「加強推廣貼
文」開始的,這其實是很可惜的一件事情,因為在前台下廣告,
不但不能有效精準地設定廣告,可以使用的功能也有限。

企業管理平台除了是 Facebook 最好的廣告平台，也是廣告代理商都在用的專業型工具。但不是只有廣告代理商能使用，也很適合一般廣告主、企業主、行銷團隊，甚至是一人小編使用，因為它不但能整合 Facebook 行銷活動，刊登並追蹤廣告，管理粉絲專頁、廣告帳號、廣告受眾、像素等資產，還兼顧了品牌安全及隱私性，堪稱是最強的行銷管理平台。

愈複雜的愈要簡單

然而最專業的工具，也堪稱是最『難用』的工具，後台五花八門的設定，常讓新手小編或行銷人員望之卻步，如果再加上不同部門之間的溝通協調，或是與合作夥伴、廣告代理商的合作授權，所衍生出的各式複雜問題，相信會讓很多人有種『不如殺了我』的感覺。

這些痛苦的心聲，也是筆者出版本書的契機，因此除了在本書中以清楚簡單、循序漸進的步驟，來詳解企業管理平台的後台操作設定以外，還加入了在設定過程中，或是在與公司團隊、廣告代理商共同合作時的工作心法，希望透過本書的引導，能讓大家更簡單地使用企業管理平台、更有效率地管理行銷資源、以及更輕鬆地提升廣告與社群效益。

林 建 睿

目錄

主題一：
投放廣告前，
先了解企業管理平台
可帶來的效益

第一章

什麼是企業管理平台？

如果
您的公司⋯

只有一個人負責　所有的粉絲頁與廣告業務⋯

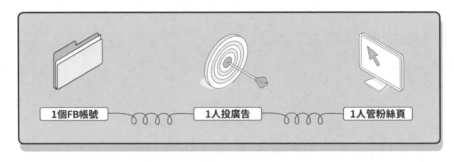

1個FB帳號　　　　　1人投廣告　　　　　1人管粉絲頁

也許不會有什麼大問題？

- - - - - - - - - -

若是由5個成員負責　所有的粉絲頁與廣告業務
這5個成員都使用　他們的個人FB帳號　來管理

5個FB帳號　　　　　5人投廣告　　　　　5人管粉絲頁

您可以看出有什麼 問 題 嗎？

1-1　什麼是企業管理平台？

一、關於企業管理平台

企業管理平台（Facebook Business Manager 或 Meta Business Manager）是管理 Facebook 所有行銷和活動的協作平台，供企業廣告投放、或廣告代理商使用，它可以把個人帳號與企業帳號分開，讓業務更為專一、容易，且更具安全性。

另外，企業管理平台也可以同時整合 Facebook 粉絲頁、廣告帳號、Instagram 等多個帳戶，並指派團隊成員，分別授與負責的業務與權限。這也代表著，在企業裡，不管是 5 個人或 10 個小組成員負責廣告投放業務，都可以在同一個地方相互協作、委派任務，且對於企業所擁有的粉絲頁或資產，也不會有過多的所有權。

從這張圖中，我們可以進一步了解企業管理平台可以用來做什麼：

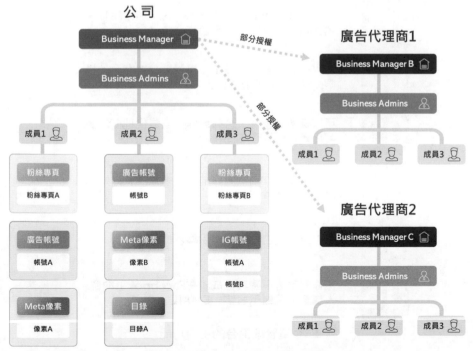

▲ 企業管理平台的結構原理

透過企業管理平台，行銷主管能夠以管理員的身份，輸入團隊成員的 Facebook 的 Email 帳號，新增成員或刪減成員帳號，讓多人同時管理粉絲頁、查看粉絲頁成效、廣告投放、建立商品目錄、追蹤廣告成效…，並賦予或限縮權限，例如管理廣告帳號 A 的成員，就無法進入廣告帳號 B 的管理後台，也無法查看粉絲專頁 B 的成效。

隨著公司業務的擴大，有的行銷主管也會將廣告業務委由廣告代理商負責，而由公司內部團隊管理粉絲頁，這時候也可以透過企業管理平台，與廣告代理商形成合作夥伴關係，藉由不同權限的授與，共同管理粉絲頁與廣告帳號，或共享 Meta 像素與廣告受眾。而其間，就算有團隊成員離職，或終止與廣告代理商的合作關係，也都不會影響整個團隊的行銷運作。

總而言之，如果公司擁有多個粉絲頁、多個廣告帳號，或是由多名團隊成員負責社群行銷與廣告投放業務的話，那麼使用企業管理平台是最合適不過的了。因為企業管理平台主要是在簡化公司對 Facebook 專頁和廣告帳號的管理，以增加便利性、簡化管理並提高安全性，它的主要關鍵功能有：

▲ 企業管理平台的主要功能

二、為什麼不能只用廣告管理員就好？

剛開始投放 Facebook 廣告時，即使只有一個人，也可以使用個人帳戶來操作，使用廣告管理員來投放廣告、編輯廣告、分析廣告成效數據…等，然而隨著規模擴大，公司擴展社群業務，除了投放 Facebook 廣告以外，還有經營粉絲頁、IG、網站…，負責行銷業務的團隊成員愈來愈多，甚至還有廣告代理商加入，這時候 Facebook 廣告管理員就已不敷使用，就得由企業管理平台來控管行銷資源，對員工權限予以分配與指定，例如由 A 員工管理粉絲專業、B 員工進行廣告投放、C 員工查看廣告數據報告，共同協作完成任務。

關於企業管理平台和廣告管理員之間的差異，可以從以下這張比較圖來瞭解：

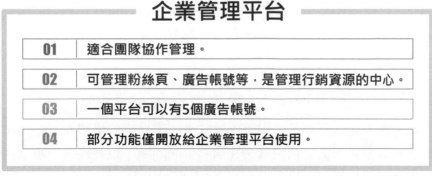

廣告管理員

01	可以由個人帳號管理。
02	僅用於管理和製作廣告系列。
03	只有一個廣告帳號。
04	無法使用顧客檔案建立自訂廣告受眾。

VS.

企業管理平台

01	適合團隊協作管理。
02	可管理粉絲頁、廣告帳號等，是管理行銷資源的中心。
03	一個平台可以有5個廣告帳號。
04	部分功能僅開放給企業管理平台使用。

▲ 廣告管理員和企業管理平台有什麼不同？

1-2 企業管理平台有什麼優點和缺點？

企業管理平台簡化了公司對廣告投放、粉絲頁、行銷資源的管理，能夠更集中 Facebook 所有資產的控管。藉由企業管理平台，全部都聚集在同一個地方管理，社群行銷工作也更加精簡、安全而有效率。

除了之外，公司使用企業管理平台來管理，還有什麼優點呢？

1. 免費設置和使用

企業管理平台提供給企業免費設置、使用，毋須再負擔任何費用。

2. 節省時間和金錢

企業管理平台可以集中管理行銷業務與資源，這也代表工作的流程大大地簡化，效率能更為增加。

3. 與私人業務清楚分開

可以將個人帳戶和公司業務分開，這代表成員毋須擔心個人的隱私會暴露在公司的商業帳號底下，發佈個人動態時，不會不小心就發佈至公司的粉絲頁。反之，公司也不用擔心成員離職時，無法交接行銷帳號與業務。

4. 可和其他團隊協作

可以為不同的廣告帳戶投放廣告、建立不同的自定義受眾，這對需要不同類型受眾的公司來說，或是需要為多個客戶投放廣告的廣告代理商來說，特別地便利。

5. 有更好的管理 / 控制力

在企業管理平台中，不同的成員可以被賦予不同層級的權限與行銷業務，因此管理者可以更迅速的釐清每個業務所發生的問題，以及成員所應承擔的責任，協助溝通與改善。

1-6

6. 可分配多個用戶

根據成員的角色，針對業務控制訪問權限，也可以賦予合作夥伴或廣告代理商不同的訪問權限，而不用授與行銷資產的所有權。

7. 輕鬆管理多個帳號和資產

可以管理多個 Facebook 廣告帳號和粉絲頁、IG 帳戶，並單獨跟蹤個別的廣告投放或粉絲頁經營成效。

8. 安全性提高

管理員不用和團隊成員共享登錄訊息，而是以 Email 邀請成員加入企業管理平台，這樣一來，成員就可以在不輸入帳號密碼的情況下管理 Facebook 頁面，管理員也不用與成員共享帳號密碼，安全性大為提升。

當成員離開團隊時，可以輕鬆撤銷他在企業管理平台的訪問權限，成員也不用交出他的個人資料與帳號密碼，在工作的交接上能更為順利。

9. 廣告費可透過一張信用卡或一個帳號來支付

在 Facebook 進行廣告投放時，可以統一使用一張信用卡或一個帳號來支付所花費的金額，而毋須讓成員使用個人的信用卡來支付廣告花費。

10. 提供 Facebook 廣告管理員上沒有的其他功能

在企業管理平台中，可以使用更進階的功能來投放廣告，進行更詳細的設定，例如廣告受眾的功能，已從廣告管理員中移除，僅能在企業管理平台中使用。

企業管理平台的優點

☺ 免費設置和使用		☺ 節省時間和金錢	
☺ 與私人業務清楚分開		☺ 可和其他團隊協作	
☺ 有更好的管理/控制力		☺ 可分配多個用戶	
☺ 輕鬆管理多個帳號和資產		☺ 安全性提高	
☺ 廣告費可透過一張信用卡或一個帳號來支付			
☺ 提供Facebook廣告管理員上沒有的其他功能			

▲ 企業管理平台的優點

既然企業管理平台有其優點，必然也有缺點或美中不足的地方，在採用之前，還是必須有所瞭解，權衡利弊。

1. 需要額外學習複雜的設定

企業管理平台設置與管理的難易度，也與公司規模、成員、合作夥伴和所管理的粉絲頁、資源、廣告帳號的數量多寡有關，因此也需要花較多的時間、耐心來熟悉。

2. 易遇到各種錯誤和問題

很多人在使用企業管理平台時，會遇到各式各樣的麻煩或錯誤，有一些是設置上的問題，有一些是平台本身未完全優化完畢，因此建議在使用之前，還是需要對成員進行培訓與訓練，再進行規劃與部署，以減少問題的產生。

3. 無法刪除廣告帳號

雖然企業管理平台對於廣告帳號的添加沒有數量上的限制，也會隨著企業管理平台的使用情況來開放公司可增添的廣告帳號數量，但是一旦建立廣告帳號之後，便無法移除與刪除。

▍4. 沒有太多的支援管道

相較於廣告投放與廣告管理員，無論是官方或坊間，對於企業管理平台的資訊與支援，並沒有太多的資源與課程，有任何問題產生時，能提供諮詢與解決的管道也較少。

有鑑於此，讀者們除了可跟著本書學習與設置企業管理平台以外，也可掃描以下的 QRcode，獲取企業管理平台的實體課程資源與諮詢管道。或者可翻閱至書末處，亦提供了企業管理平台的課程相關資訊，可供研習進修。

▲ 企業管理平台實務班 課程詳情

▲ 企業管理平台諮詢 LINE 群組

企業管理平台的缺點

☹ 需要額外學習複雜的設定	☹ 易遇到各種錯誤和問題
☹ 無法刪除廣告帳號	☹ 沒有太多的支援管道

▲ 企業管理平台的缺點

1-3 該使用企業管理平台嗎？

雖然企業管理平台仍有許多不完美之處，不過官方仍不斷地進行調整與優化，對大型企業或廣告代理商來說，仍極力推薦使用企業管理平台來管理旗下的行銷與廣告資源。雖然初期設置仍需要花一些時間，不過隨著管理的帳戶愈多、行銷資產愈多，也會發現它的好處愈來愈多。

而對於仍在觀望是否要使用企業管理平台的公司來說，如果您的 Facebook 行銷業務屬於以下任何一種情況，應該考慮使用：

檢核是否需要使用企業管理平台？

☐	公司的FB/IG廣告業務委託給廣告代理商。
☐	公司需要管理多個粉絲頁和廣告帳號。
☐	公司本身是廣告代理商。
☐	經常與其他企業有共同專案上的合作。
☐	公司內的行銷人員流動率高。
☐	公司負責FB業務/廣告的人員超過3個以上。
☐	需要與其他網站共用自訂受眾。
☐	公司希望將FB業務與員工的FB帳號分開。
☐	在多個國家都有進行FB廣告業務。

▲　檢核是否需要使用企業管理平台？

🔷 越早切換，越容易

即使公司目前只有少量的行銷資產、或是只有一個粉絲頁、一個廣告帳號，也建議要及早使用企業管理平台來管理，弄清楚哪個員工需要哪種級別的權限，予以規劃與設置。

試想，如果未來公司在 Facebook 的行銷業務擴大了，屆時才想將公司的 100 個 Facebook 粉絲頁、100 個廣告帳號和數百名員工轉移到企業管理平台中，那這將成為一個複雜且耗時的項目。

但是，如果是現在就進行切換的話，在規模小的情況下，可以輕鬆地設置與管理，那麼會比將來進行更複雜的轉換要容易得多。

第二章

熟悉企業管理平台正確的設置方式

2-1　前置作業的準備

在沒有企業管理平台之前，很多公司會將粉絲頁、廣告投放的管理權限，全都交由一名成員處理，或是大家共用一組管理員帳號密碼，卻分開執行粉絲頁貼文、投放廣告等業務，造成登錄資訊不同，帳號容易被封鎖…等各項問題產生。

但是企業管理平台解決了種種溝通協作上的痛點，讓公司行銷團隊可以安全地在同一個地方管理公司粉絲頁、IG 帳號、廣告帳號、共享像素、產品目錄等行銷資產，也可以協同廣告代理商一同管理，簡化了行銷工作。

在開始創建企業管理平台之前，有幾項前置作業是必須要做的，因為這可以讓團隊後續的協作更為順暢，並減少問題的產生。

1. 企業管理平台的培訓

如果公司內部擁有行銷團隊，建議要展開教育訓練工作，培訓成員如何使用企業管理平台，並規劃與分配各自負責的行銷角色，以及所掌管的權限，以避免因為溝通不順暢，或未經授權的更改而造成的種種混亂與問題產生。

如果行銷業務範圍，還涉及到廣告代理商，或是公司本身就是廣告代理商，那麼更建議與合作夥伴一起進行企業管理平台的培訓，對於日後的合作、溝通的順暢，將會更有助益。

2. 選擇平台的主管理員

在開始創建企業管理平台之前，必須先選擇合適的人選來申請與建置，一般來說，也是決定由誰來當企業管理平台的主管理員。

主管理員會因為公司的規模大小，而有所不同，在小公司裡面，可能是老闆或執行長，若公司規模較大的話，也可能是行銷總監、社群媒體經理。

主管理員擁有企業管理平台最高的權限，負責邀請成員、授與所管理的行銷工作權限。

主管理員人選決定好之後，就可以由他來進行第一步的建置工作了。

2-2　創建企業管理平台

首先，請至：https://business.facebook.com/overview/

1.　點擊「建立帳號」，建立企業管理平台帳號。

▲ 點擊「建立帳號」

✓ 重點指引

如果是在未登入 Facebook 的狀態下，請先進行帳號的登入，再點擊「建立帳號」。

2.　系統會要求主管理員要提供企業的詳細資料。必須填寫所要建立的企業管理平台名稱，主管理員的姓名和 EMAIL。

待資料都輸入好之後，點擊「送出」。

▲ 填寫資料

重點指引

- 企業管理平台的名稱不能使用特殊字元,如 @ # $ %。
- 主管理員的姓和名中間,必須以空格隔開。
- EMAIL 必須是主管理員的 Facebook 帳號所使用的電子郵件地址。

3. 已建立完成,需前往電子郵件信箱,收取驗證信函。

▲ 企業管理平台已建立

4. 打開驗證信函，確認你的公司電子郵件地址，點擊「立即確認」，完成管理員電子郵件的驗證。

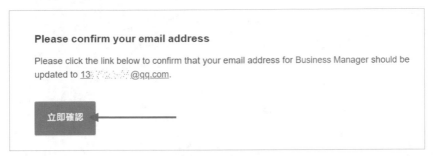

Please confirm your email address

Please click the link below to confirm that your email address for Business Manager should be updated to 13▪▪▪▪▪▪@qq.com.

立即確認

▲ 點擊「立即確認」

◯ **重點指引**

如果沒有收到驗證信件的話，那麼就得重新請求發送。

1. 在個人動態消息首頁中，點擊左欄選單中的「廣告管理員」。

▲ 點擊「廣告管理員」

2. 點擊「所有工具」捷徑按鈕，再點擊選單中的「企業管理平台設定」。

▲ 點擊「企業管理平台設定」

3. 進到「企業管理平台」後，點擊左欄選單中的「企業管理平台資料」。

▲ 點擊「企業管理平台資料」

4. 找到「我的資料」區塊，點擊「重寄驗證電子郵件」，重新請求發送驗證信件。

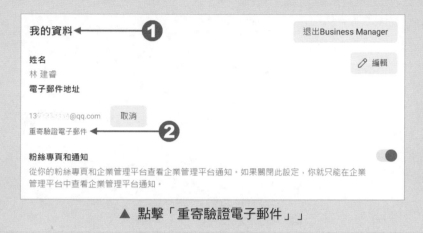

▲ 點擊「重寄驗證電子郵件」

2-3　設定雙重驗證

雙重驗證是企業管理平台的安全功能，用來確保企業和相關管理人員的安全，提高帳號的安全性。

每次您從新電腦或新手機登入企業管理平台時，或在瀏覽器中清除歷史紀錄後，就會要求你輸入安全驗證碼。

為了企業管理平台的安全性，建議管理員本身的帳號，一定都要先設定好雙重驗證。

✓ 重點指引

管理員帳號的密碼，也要注意安全性原則，在設定時，最好要由 20 個字元以上，由大小寫英文字母、數字與特殊符號組合而成。

為了安全性，不要在其他網站或社群重複使用這一組密碼。

第一步：先設定管理員個人帳號的雙重驗證

1. 在管理員個人帳號首頁，點擊「帳號」按鈕，選擇下拉選單中的「設定和隱私」。

▲ 選擇「設定和隱私」

2. 彈出第二層選單後，再選擇「設定」。

▲ 選擇「設定」

3. 點擊左欄選單中的「帳號安全和登入」。

而後在「雙重驗證」設定區塊中，找到「使用雙重驗證」項目，點擊「編輯」。

▲ 點擊「編輯」

✓ 重點指引

一開始，Facebook 提供了 2 種雙重驗證的方式可供選擇，但如果管理員本身還有經營其他 Facebook 帳號的話，建議先選定「驗證應用程式」的驗證方式。因為若是選定以簡訊（SMS）的方式來驗證的話，一個 Facebook 帳號只能綁定一隻手機門號。

以「驗證應用程式」做雙重驗證

1. 若選擇以「驗證應用程式」的方式來做雙重驗證的話，則點擊「使用驗證應用程式」。

▲ 點擊「使用驗證應用程式」

2. 緊接著，Facebook 會出現一組驗證用代碼，以及代碼的 Qrcode，可供掃描。

▲ 驗證用代碼與 Qrcode

3. 這時候要先在瀏覽器安裝外掛程式。

   Microsoft Edge 瀏覽器可安裝的外掛程式：Authenticator

▲ Authenticator

▲ Authenticator 安裝位置

Chrome 瀏覽器可安裝的應用程式：Authenticator 身份驗證器

▲ Authenticator 身份驗證器

▲ Authenticator 身份驗證器安裝位置

4. 以 Microsoft Edge 瀏覽器的 Authenticator 外掛程式為例，點擊「取得」，就可以立即安裝了。

▲ 點擊「取得」

5. 安裝後，在瀏覽器左上方會出現 Authenticator 外掛程式的按鈕，點擊按鈕後，再點擊「掃描 QR 碼」按鈕。

▲ 點擊「掃描 QR 碼」

6. 掃描驗證碼的 Qrcode。

▲ 掃描 Qrcode

7. 已經新增至外掛程式中，點擊「確定」。

▲ 點擊「確定」

8. 外掛程式會產生一組隨機的確認碼，記下確認碼。

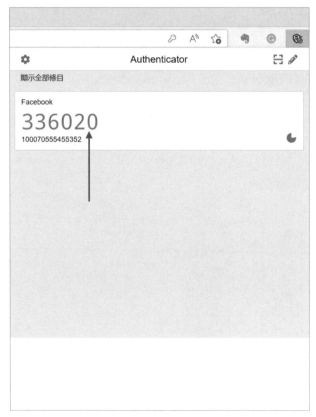

▲ 產生隨機確認碼

9. 回到點擊 Facebook，點擊「繼續」。

▲ 點擊「繼續」

10. 將隨機確認碼輸入至每一個欄位中。

▲ 輸入確認碼

11. 雙重驗證已經啟用，點擊「完成」。

▲ 雙重驗證已啟用

✓ **重點指引**

若是選擇以「手動輸入」驗證碼的方式，其設定方式為：

1. 在瀏覽器中，點擊外掛程式按鈕後，再點擊「編輯」按鈕。

▲ 點擊「編輯」

2. 點擊「+」按鈕,新增帳戶。

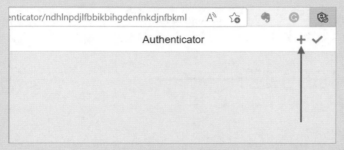

▲ 點擊「+」按鈕

3. 選擇「手動輸入」。

▲ 點擊「手動輸入」

4. 簽發方可輸入「Facebook」,日後比較好辨識來源。而後將驗證代碼複製起來,貼在「金鑰」欄位上。

　再按下「確定」。

▲ 輸入簽發方與金鑰

5. 外掛程式同樣也會產生一組隨機的確認碼,將確認碼記下。

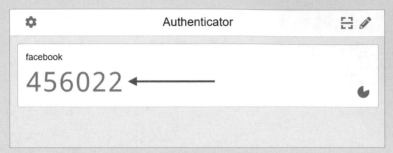

▲ 產生隨機確認碼

6. 回到 Facebook 雙重驗證的設定中,點擊「繼續」。

▲ 點擊「繼續」

7. 確認碼會隨著時間變更，因此記得要在變更之前，立即輸入至 Facebook
的雙重驗證欄位中。

▲ 輸入隨機確認碼

以「簡訊（SMS）」做雙重驗證

1. 若是選擇「透過簡訊 (SMS)」的雙重驗證方式，Facebook 就會先傳送有
驗證碼的簡訊到手機中。

▲ 「透過簡訊 (SMS)」雙重驗證

2. 預設值會使用所註冊的手機號碼，若不變更，則點擊「繼續」。

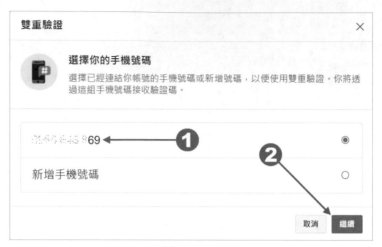

▲ 選擇手機號碼

3. 手機會收到一組驗證碼，將驗證碼記下，回到 Facebook 中，輸入驗證碼再點擊「繼續」。

▲ 輸入驗證碼

4. 點擊「完成」，簡訊雙重驗證就設定完成了。

▲ 點擊「完成」

其他雙重驗證方式

雙重驗證功能開啟後，還會有其他的備用選項方式，讓你可以在沒有手機時也可以登入，這裡也可以選擇其中幾種來設定。

▲ 其他雙重驗證方式

1. 安全性金鑰驗證方式

「安全性金鑰」的驗證方式,是需要購買專門的 USB 金鑰的,目前台灣沒有官方的經銷商,大多只能透過拍賣網站或官網來購買。

▲ 安全性金鑰驗證方式

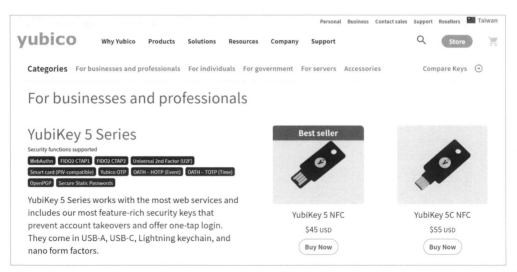

▲ USB 金鑰官網位置:https://www.yubico.com/store/

2. 復原碼驗證方式

(1) 若要使用「復原碼」的驗證方式,則點擊「設定」。

▲ 安全性金鑰驗證方式

(2) 點擊「取得復原碼」。

▲ 取得復原碼

(3) Facebook 會出現 10 組復原碼。點擊「下載」,就能儲存了。

日後若身邊沒有手機時,可使用復原碼來進行雙重驗證,登入 Facebook。但為了安全起見,這 10 組復原碼最好每 3 個月更換一次。

▲ 10 組復原碼

⊘ 重點指引

如果主管理員的個人帳號本身,沒有設定雙重驗證防護的話,那麼一進入廣告管理員時,Facebook 也會提醒主管理員要做好設定。

在要求雙重驗證的頁面中,點擊「繼續」,就能夠進行設定了。

▲ Facebook 要求雙重驗證的頁面

第二步：進行企業管理平台的雙重驗證

為了安全性的增強，除了管理員的個人帳號需設定雙重驗證以外，在企業管理平台裡，也需要再做額外的設定。

1. 進入「企業管理平台」，點擊左欄選單中的「安全中心」。

▲ 點擊「安全中心」

2. 除了「沒有人」以外，還可以選擇「僅限管理員」，或「所有人」。

一般來說，在維持安全性的限度上，最少都要選擇「僅限管理員」才足夠。

▲ 安全性的最低限度上，需選擇「僅限管理員」

第三步：新增其他管理員

另外，企業管理平台還會建議主管理員要新增另一個管理員，共同管理，以防主管理員的帳號被鎖時，還有另一個管理員可登入使用。

而管理員要增加幾個比較好呢？原則上管理員只要新增一個就好，因為太多的管理員反而會造成安全上的漏洞。

1.　在「新增其他管理員」區塊，點擊「新增」。

▲ 點擊「新增」

2.　輸入 EMAIL，邀請另一個管理員加入。

在「指派企業管理平台角色」區塊，維持預設值不變，選擇「管理員權限」。

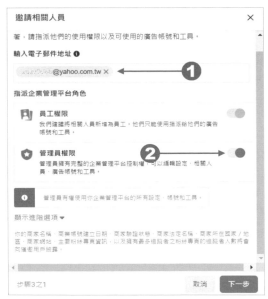

▲ 輸入 EMAIL

3. 點擊「顯示進階選項」，這是可以讓新增的管理員再多被指派「財務分析師」、「財務編輯」、「開發人員」的角色，授予他權限。這裡可以依實際需求選擇。

▲ 點擊「顯示進階選項」

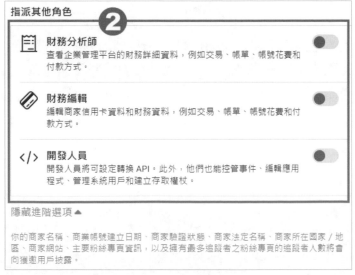

▲ 指派其他角色

4. 點擊「下一步」，繼續完成設置。

▲ 點擊「下一步」

5. 若還沒有在企業管理平台裡新增粉絲頁或廣告帳號、目錄 ... 等資產的話，可以先不用指派任何粉絲頁或廣告帳號，點擊「邀請」。

▲ 點擊「邀請」

6. 邀請信件已寄出，點擊「完成」。

記得要請對方至信箱裡收取信件，並完成設定。

▲ 點擊「完成」

✓ 重點指引一

被邀請的管理員，會收到一封邀請信函，請記得提醒他，開啟信件。

1. 信件開啟後，點擊「立即開始」。

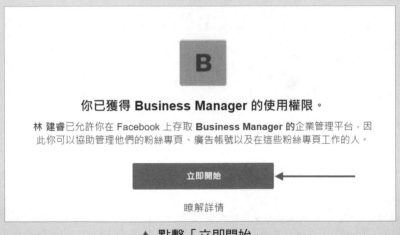

▲ 點擊「立即開始」

2. 當對方接受邀請之後，在姓名處輸入名字時，姓與名中間要留有一個空白格，而後點擊「繼續」。

▲ 姓與名中間要留空白格

3. 在「檢視商家資訊」的頁面中，點擊「繼續」。

▲ 點擊「繼續」

4. 在「審查」的頁面中，點擊「接受邀請」。

▲ 點擊「接受邀請」

5. Facebook 會要求新的管理員再進行一次驗證，新管理員可輸入密碼，再點擊「提交」。

新管理員即可新增至企業管理平台中了！

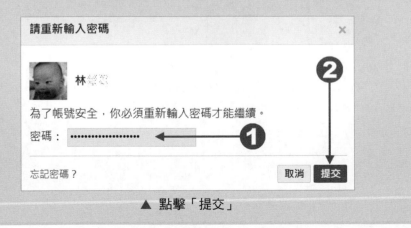

▲ 點擊「提交」

✅ **重點指引二**

1. 如果被邀請者沒收到信件，那麼主管理員可以再到企業管理平台中，點
擊左欄選單中的「相關人員」，並選擇新管理員的 Email，再點擊「重
新傳送」。

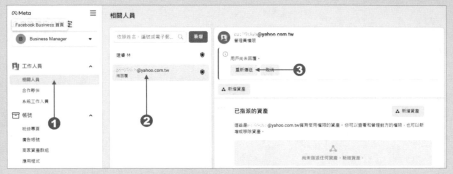

▲ 點擊「重新傳送」

2. 或者另一個情況是：新管理員還沒有接受邀請，但必須臨時取消他的資
格，那麼就點擊「取消」。

▲ 點擊「取消」

主題二：
瞭解管理員與
工作人員許可權，
以保護帳戶

— 第三章　添加工作人員，掌握工作人員配置

第三章

添加工作人員，掌握工作人員配置

3-1 工作人員

企業管理平台依據公司的需求，將工作人員分成 3 類：

1. 相關人員：可透過電子郵件地址，將工作人員加入。

2. 合作夥伴：對方也要擁有企業管理平台帳號，可使用對方的企業管理平台編號將其加入。

3. 系統工作人員：第三方申請向企業管理平台請求資產的使用權限，可以是代表伺服器或應用程式，發出 API 的呼叫。

▲ 工作人員共分為 3 類

那麼，哪些人該歸入相關人員？哪些人又該歸入合作夥伴？又有哪些人該歸入系統工作人員呢？

從以下的圖表中，可以更簡單地掌握各類型工作人員的配置：

▲ 工作人員該如何分類？

一、相關人員

為了資產的安全性，企業管理平台的相關人員角色存取權限，還分為兩個層級，讓每位相關人員能夠擁有符合個人需求的工作權限。

第一層：將人員加入企業管理平台，授與管理員、員工、或其他角色，只針對平台本身的設定，像是新增或移除員工、分配資產等。

第二層：針對個別資產，依照人員的工作需求，還授與不同使用權限。所以僅僅只有加入員工，沒有為其分配資產工作權限的話，他會無法使用粉絲專頁、廣告帳號等相關功能。

舉例來說，雖然給 XXX「管理員」角色（第一層），但分配給他廣告帳號資產，權限是「查看成效」（第二層），那麼他就只能查看廣告效果，而無法建立廣告。

二、繪製工作人員角色權限架構圖

將員工或合作夥伴加入企業管理平台前，最好要將各個人員的擁有的資產、工作權限，繪製成一張架構圖，這樣做有兩個好處：

繪製架構圖的好處

01 隨時掌握各人員權限狀況

02 可讓設定更為方便、清楚

▲ 繪製架構圖的好處

架構圖的繪製方法，可以將成員依管理員、財務編輯、開發人員、一般員工的角色先配置清楚，再依序標註每位成員所被指派的資產、工作權限，如圖：

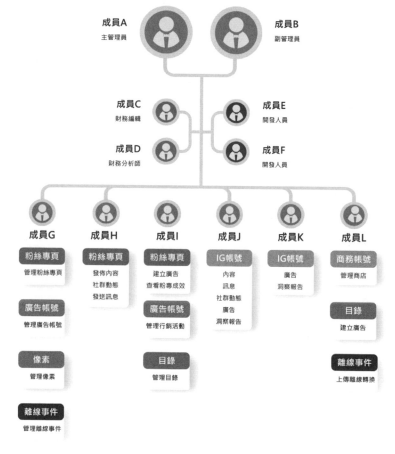

▲ 工作人員角色權限架構圖

三、角色權限與工作權限

在企業管理平台新增相關人員時，可授予該人員擁有「管理員」或「員工」的角色。

▲ 可分配的企業管理平台角色權限

除此之外，也可以再額外授與其他的角色權限。

可分配的財務角色權限	財務分析師		財務編輯	
	編輯	查看	編輯	查看
輸入信用卡資料			✓	
企業的詳細財務及聯絡資料	✓	✓	✓	✓
交易資料（帳單）	✓	✓	✓	✓
帳單群組	✓	✓	✓	✓
詳細的帳號花費資料	✓	✓	✓	✓
付款方式	✓	✓	✓	✓

▲ 可分配的財務角色權限

可分配的系統工作人員權限	管理員系統用戶	一般系統用戶
新增建立系統用戶帳號	✓	
指派系統用戶權限	✓	
接受指派的權限	✓	✓

▲ 可分配的系統工作人員權限

當相關人員新增後，第二層便是授與該人員的資產使用權限，像是粉絲專頁、廣告帳號、目錄、像素⋯等，每一項資產又可依權限的大小，而分為管理員權限和標準權限。

可分配的粉絲專頁工作權限	管理員權限	標準權限
發佈內容 以粉絲專頁的身份發佈。	✓	✓
社群動態 檢視和回覆留言、移除不想看到的內容，以及檢舉動態。	✓	✓
發送訊息 以粉絲專頁身份傳送和回覆訊息。	✓	✓
建立廣告 為粉絲專頁刊登廣告。	✓	✓
查看粉絲專頁成效 查看所有關此粉絲專頁的Facebook分析工具和粉絲專頁洞察報告。	✓	✓
查看收益洞察報告 查看粉絲專頁的收益洞察報告。	✓	✓
管理粉絲專頁 管理粉絲專頁，以及與該粉絲專頁連結的Instagram帳號設定及權限;在粉絲專頁執行任何動作、查看所有粉絲專頁動態和成效，以及管理粉絲專頁角色。	✓	

▲ 可分配的粉絲專頁工作權限

可分配的廣告帳號工作權限

	管理員權限	標準權限
管理行銷活動 建立和編輯廣告、存取分析報告以及查看廣告。	✓	✓
查看成效 存取分析報告及查看廣告。	✓	✓
管理廣告創意中心的樣稿 在廣告創意中心查看、建立和編輯樣稿。	✓	✓
管理廣告帳號 調整廣告帳號的設定、財務和權限；建立並編輯廣告、存取分析報告和查看廣告。	✓	

▲ 可分配的廣告帳號工作權限

可分配的應用程式工作權限

	管理員權限	標準權限
開發人員應用程式 變更應用程式設定、測試應用程式和查看分析工具。	✓	✓
查看洞察報告 查看應用程式分析報告。	✓	✓
測試應用程式 可以測試應用程式。	✓	✓
管理應用程式 管理角色、變更應用程式設定、測試應用程式和瀏覽分析。	✓	

▲ 可分配的應用程式工作權限

可分配的商家資產群組工作權限

	管理員權限	標準權限
查看分析報告資料 查看此群組中資產的洞察報告、成效和分析報告。	✔	✔
管理分析報告資料 針對此群組內的資產，在Facebook分析工具建立、編輯和瀏覽主控版和報告。	✔	

▲ 可分配的商家資產群組工作權限

可分配的目錄工作權限

	管理員權限	標準權限
建立廣告 存取分析報告；建立及編輯商品組合以展開廣告行銷活動。	✔	✔
管理目錄 調整目錄設定和存取分析報告；更新目錄商品；建立及編輯商品組合以刊登廣告；使用此共用目錄來設定商店並管理其庫存。	✔	

▲ 可分配的目錄工作權限

可分配的像素工作權限

	管理員權限	標準權限
查看像素 在 Facebook 分析工具中查看和分析像素成效。建立轉換廣告。	✔	✔
管理像素 建立、編輯和查看像素；新增或移除像素事件；建立像素廣告受眾和轉換廣告；新增、編輯和移除像素用戶。	✔	

▲ 可分配的像素工作權限

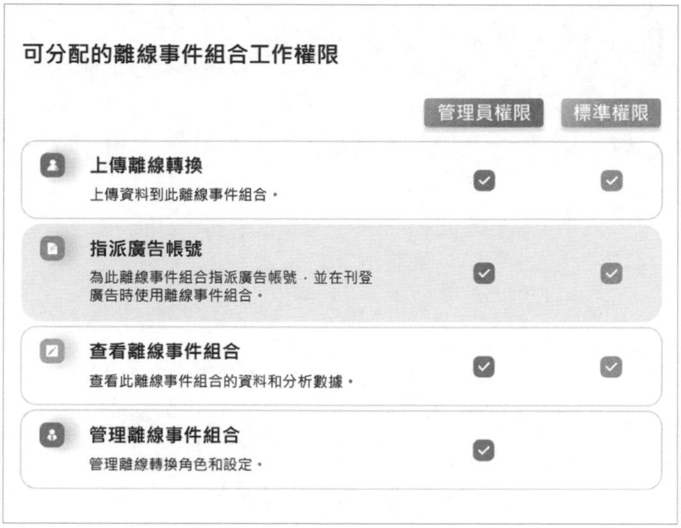

▲ 可分配的離線事件組合工作權限

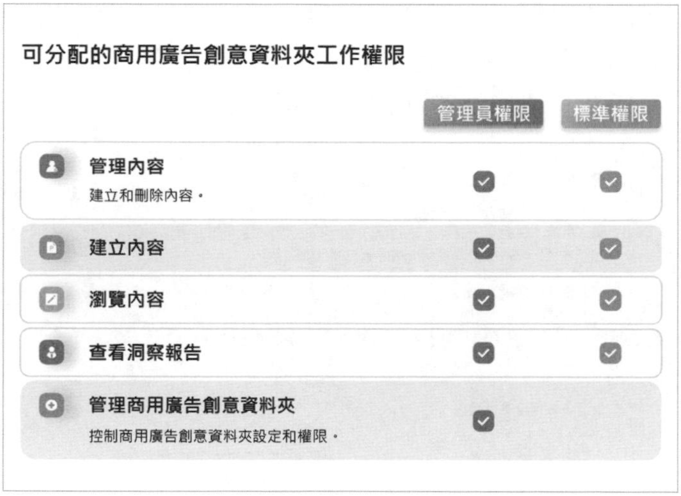

▲ 可分配的廣告創意資料夾工作權限

3-2 如何新增相關人員？

1. 在「工作人員」底下，選擇「相關人員」，點擊「新增」按鈕。

▲ 點擊「新增」按鈕

2. 輸入成員的 EMAIL（一次最多可輸入 20 個）。

接著，指派企業管理平台角色，「員工權限」預設是開啟的，可以不用做任何的變更。

另外，若不指派其他角色的話，可直接點擊「下一步」。

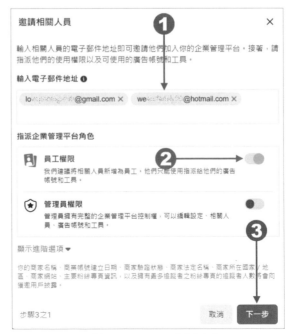

▲ 輸入 EMAIL、指派角色

重點指引

1. 若要指派其他角色，就需點擊「顯示進階選項」。

▲ 點擊「顯示進階選項」。

2. 可指派「財務分析師」、或「財務編輯」、「開發人員」等角色，指派
完成後，點擊「下一步」。

▲ 指派其他角色。

3. 如果還沒有加入任何資產的話，如粉絲頁、IG 帳號…等，可以先不用選擇資產類型，也不用指派使用權限，而是直接點擊「邀請」。
資產的使用權限之後再進行設定。

▲ 點擊「邀請」

4. 邀請信件已經送出了，點擊「完成」即可。

▲ 點擊「完成」

3-3　變更成員角色

1.　如果之後要變更成員的角色，例如成員要變更成管理員的角色，可點擊
　　「相關人員」，再點擊成員姓名。

▲　點擊成員姓名

2.　在個人詳細資料的頁面中，點擊「編輯」。

▲　點擊「編輯」

3. 在企業管理平台角色的欄位中，點擊「員工」，更換角色。
而後再點擊「更新人員角色」。

▲ 點擊「更新人員角色」

4. 另外，若日後在成員當中，有人離職了，必須要刪除該名成員的使用權限，只要點擊「移除」即可。

▲ 點擊「移除」

問題與對策解決

Q：如果您自己是企業管理平台的主管理員，有一天要離職了，需進行職務的交接，那麼該如何從企業管理平台中刪除掉自己？

A：

1. 首先，要確認除了自己以外，企業管理平台還要有另外一位主管理員，也擁有與自己相同的權限，才能進行操作！

   點擊「相關人員」，進行管理員的確認，只要具有管理員身份的成員，都會有盾牌的符號。

▲ 確認管理員

2. 點擊左欄選單中的「企業管理平台資料」，找到「我的資料」區塊，點擊「退出（企業平台的名稱）」。

▲ 退出企業管理平台

主題三：
添加社群帳號，
統一管理社群資產

第四章

集中整合粉絲專頁

4-1　添加粉絲專頁

1. 在左欄選單中，點擊「帳號」底下的「粉絲專頁」，再點擊「新增」。

▲ 點擊「新增」

2. 要將粉絲專頁新增到企業管理平台，有三個選項：

- 新增粉絲專頁：不管是公司所擁有的粉絲專頁，或是別人幫忙建立的粉絲專頁，只要納入企業管理平台，都歸屬該平台來管理。
- 申請粉絲專頁使用權限：若是廣告代理商，想要替客戶代操粉絲專頁，只要申請使用權即可，而粉絲專頁的擁有權仍屬客戶所有。
- 建立新粉絲專頁：之前沒有建立任何的粉絲專頁，要為企業管理平台開設全新的粉絲專頁。

▲ 點擊「新增」後，會出現三個選項

3. 若要管理公司的粉絲專頁，可點擊「新增粉絲專頁」。

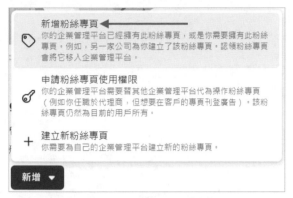

▲ 點擊「新增粉絲專頁」

4. 輸入粉絲專頁的名稱或網址，點擊「新增粉絲專頁」。

▲ 輸入粉絲專頁的名稱或網址

✓ 重點指引

若輸入粉絲專頁的名稱後，欄位裡無法自動顯現粉絲專頁的話，改為輸入粉絲專頁網址後，就可以顯現了。

▲ 輸入粉絲專頁網址

5. 新增完畢之後，點擊「關閉」。

▲ 點擊「關閉」

6. 新增完粉絲專頁至企業管理平台後，點擊「相關人員」，可以看到，只要是企業平台的管理員，都會被自動指派為該粉絲專頁的管理員。

▲ 點擊「相關人員」

7.　工作權限也會被自動指派為「管理粉絲專頁」，擁有完整的控制權。

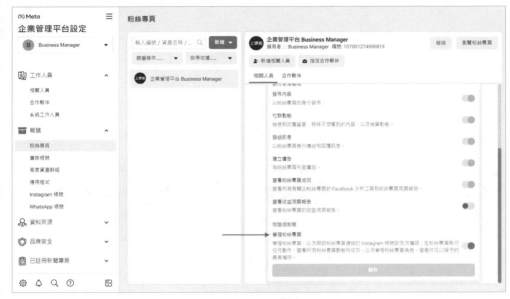

▲ 管理粉絲專頁

8.　要新增該粉絲專頁的工作人員時，可以點擊「新增相關人員」。

▲ 「新增相關人員」

9.　在左欄的「選擇用戶」中，勾選相關人員的姓名，而後設定「粉絲專頁」的管理權限，指定該成員可以擁有哪些工作權限。

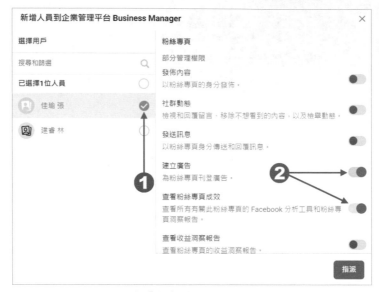

▲ 設定「粉絲專頁」的管理權限

10. 設定完畢後，再點擊「指派」。

▲ 點擊「指派」

11. 成員已新增到粉絲專頁中,點擊「完成」。

▲ 點擊「完成」

12. 若要移除該成員,點擊姓名右側的刪除符號。

▲ 點擊刪除符號

13. 再點擊「確認」,即可將該人員從相關人員的清單中移除。

▲ 點擊「確認」

4-2　安全轉移粉絲專頁所有權

如果公司的粉絲專頁，是由廣告代理商幫忙建立的，管理權也在廣告代理商手上，但有一天，要結束合作關係了，要怎麼將粉絲專頁的所有權「安全的」轉回來？

1.　首先，要確定自己是否具有該粉絲專頁管理員的角色。

　　到粉絲專頁頁面，點擊左欄選單的「設定」。

▲　點擊「設定」

⊘ 重點指引

在正常情況下，公司內部人員不管會不會負責粉絲專頁的工作，但至少都要有一個人必須要具備有粉絲專頁管理員的角色，不可將所有的管理權限都全盤交給廣告代理商。

2. 點左欄的「粉絲專頁角色」，檢查「現有的粉絲專頁角色」，要先確定
   自己是否具有該粉絲專頁管理員的權限。

▲ 現有的粉絲專頁角色

3. 建立一個新的企業管理平台。（請參照第二章的建置方式）

▲ 建立新的企業管理平台

4.　進到新建立的企業管理平台中，點擊左欄的「粉絲專頁」，再點擊「新增」，選擇「新增粉絲專頁」，將粉絲專頁新增進至企業管理平台中。

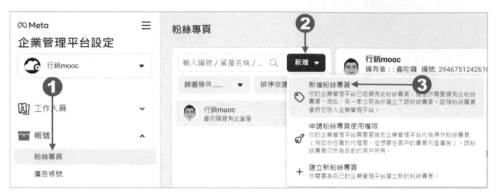

▲ 新增粉絲專頁

5.　輸入粉絲專頁的網址或名稱，點擊「新增粉絲專頁」。

▲ 輸入粉絲專頁的網址或名稱

⊘ 重點指引

如果是在轉移粉絲專頁之前，才臨時成為粉絲專頁管理員的話，那麼就會出現不能批准的畫面，這是為了安全性起見，避免遭到駭客轉移。但經過一週之後，可以再次執行新增粉絲專頁的操作，就可以成功轉移了。

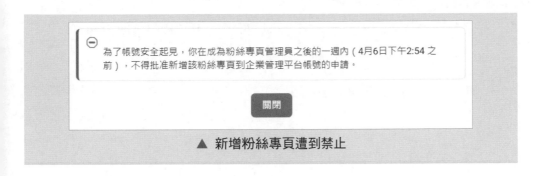

▲ 新增粉絲專頁遭到禁止

6. 完成粉絲專頁的新增，點擊「關閉」。粉絲專頁已成功轉移至新的企業管理平台。

▲ 新增粉絲專頁完成

7. 點擊「新增相關人員」，指派公司內部負責管理的人員。

▲ 新增相關人員

8. 選定管理粉絲頁的人員後，指定可以獲得的工作權限，對粉絲專頁進行管理。再點擊「指派」。

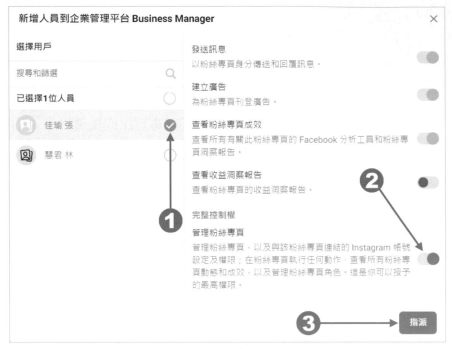

▲ 指派權限

9. 負責粉絲專頁管理的新人員已成功新增，點擊「完成」。

▲ 點擊「完成」

10. 對於原本的粉絲專頁管理員或創建者，即使該管理員未加入新的企業管理平台，也可以點擊「從粉絲專頁移除」，將其管理員的角色刪除。

▲ 點擊「從粉絲專頁移除」

11. 點擊「移除」，原本的管理員就無法再擁有粉絲專頁的管理權限了。

▲ 點擊「移除」

✓ 重點指引

不過有時候，會出現無法移除原始管理員的情況，通常是因為新的企業管理平台的是初建立的關係，新的管理員也才剛指定好，基於安全考量，必須等待 7 天以上，才能移除原始的管理員！

而在暫時無法移除原始管理員的情況下，可以先更改管理員權限，改為指派「查看粉絲專頁成效」的權限給他，給予他最小的權限就好。

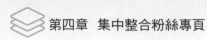

▲ 將管理員權限改為「查看粉絲專頁成效」

第五章

共同管理廣告帳號

5-1　關於企業管理平台的廣告帳號

一、廣告帳號小常識：

歸屬至企業管理平台中的廣告帳號，相較於個人的廣告帳號，在運作時還是有所不同，其中有幾個特點，需要特別注意：

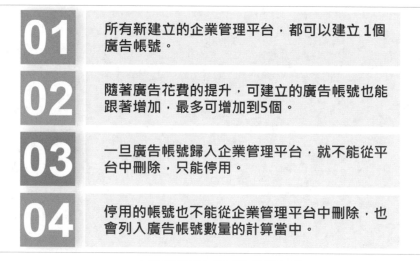

01 所有新建立的企業管理平台，都可以建立 1 個廣告帳號。

02 隨著廣告花費的提升，可建立的廣告帳號也能跟著增加，最多可增加到 5 個。

03 一旦廣告帳號歸入企業管理平台，就不能從平台中刪除，只能停用。

04 停用的帳號也不能從企業管理平台中刪除，也會列入廣告帳號數量的計算當中。

▲ 企業管理平台的廣告帳號特點

二、想要知道可以建立多少個廣告帳號，該怎麼做？

進入企業管理平台，點擊左欄的「企業管理平台資料」，在「企業管理平台詳情」區塊，可以看到「廣告帳號建立上限」，所顯示的數字，就是目前可以建立的廣告帳號數量。

例如所顯示的數字是 1，就代表目前只能建立一個廣告帳號。

▲　廣告帳號建立上限

5-2　添加廣告帳號

1. 點擊左欄選單中，在「帳號」底下的「廣告帳號」。

   而後再繼續點擊「新增」。

▲　點擊「新增」

2. 可以透過三種不同的方式添加廣告帳號：

   - **新增廣告帳號**：添加您所擁有的廣告帳號，如果您已經設置了廣告帳號，可以將其移至企業管理平台中。

- **申請廣告帳號的使用權限**：添加其他人的廣告帳號，您可以請求將其他人的廣告帳號添加到平台中，以便可以幫他們投放廣告。
- **創建新的廣告帳號**：如果您要另外增加新的廣告帳號，選擇這項可以設置一個全新的帳號。

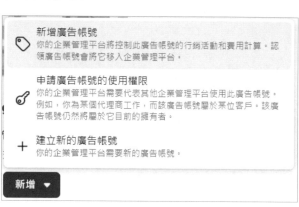

▲ 新增廣告帳號的三種方式

方式一：新增廣告帳號

重點指引

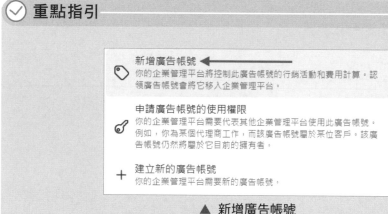

▲ 新增廣告帳號

透過這個方式新增廣告帳號之前，有幾點要注意的是：

1. 每一個廣告帳號只能歸屬在一個企業管理平台底下。
2. 必須是該廣告帳號的擁有人，同時也擁有該企業管理平台管理員的權限，才能新增廣告帳號。

3. 將廣告帳號歸屬於企業管理平台之後，就無法復原為個人的廣告帳號！但是在擁有人的個人帳號底下，會再產生一組新的廣告帳號。

4. 該廣告帳號需要有付款紀錄，才能新增得進去喔！

▲ 廣告帳號無付款紀錄時，無法新增

1.　點擊「新增」後，再選擇「新增廣告帳號」。

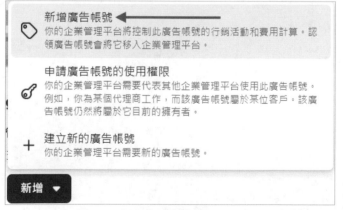

▲ 新增廣告帳號

2. 輸入「廣告帳號編號」，點擊「新增廣告帳號」。

▲ 新增廣告帳號

 重點指引一

如何得知廣告帳號編號？

1. 在個人動態首頁，點擊左欄選單的「廣告管理員」。

▲ 點擊「廣告管理員」

2. 在「廣告管理員」的左上角處，會顯示廣告帳號名稱，以及廣告帳號編號。

▲ 廣告帳號編號

✓ **重點指引二**

小心成為被綁架的廣告帳號！

若是準備找廣告代理商來代為投放廣告，須先自己建立企業管理平台，將廣告帳號歸屬至企業管理平台之後，再以「申請廣告帳號的使用權限」的方式授權給廣告代理商。

若是由廣告代理商代為建立廣告帳號，即便是使用「創建新的廣告帳號」的方式，再將廣告帳號的使用對象設定為「其他企業管理平台或客戶」，但企業本身僅有使用權，並不能將所有權拿回或轉移至自己的企業管理平台底下。

不要讓廣告代理商使用「新增廣告帳號」或「建立新的廣告帳號」的方式，因為這樣廣告帳號的所有權，會歸屬在他們的企業管理平台中，屬於廣告代理商的，這樣以後結束合作關係時，會變成無法拿回所有權！

方式二：申請廣告帳號的使用權限

通常都是廣告代理商，或代為投放廣告的合作夥伴，會需要使用到這一種方式來設定。

🏷 **新增廣告帳號**
你的企業管理平台將控制此廣告帳號的行銷活動和費用計算。認領廣告帳號會將它移入企業管理平台。

申請廣告帳號的使用權限 ◀━━━━
🔑 你的企業管理平台需要代表其他企業管理平台使用此廣告帳號。例如，你為某個代理商工作，而該廣告帳號屬於某位客戶。該廣告帳號仍然將屬於它目前的擁有者。

➕ **建立新的廣告帳號**
你的企業管理平台需要新的廣告帳號。

▲ 申請廣告帳號的使用權限

注意：以下的操作步驟，是以廣告代理商的企業管理平台端來設定

1. 輸入合作夥伴的廣告帳號編號，並選定工作權限，再點擊「確認」

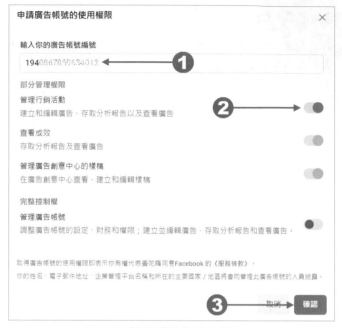

▲ 輸入廣告帳號編號

2. 申請權限的通知已經送出，點擊「關閉」。

▲ 申請權限已送出

3. 點擊「廣告帳號」，回到管理介面中，第二欄的選單中，會出現代為管理的廣告帳號名稱，以及其擁有者。

   點擊該帳號名稱後，再點擊「新增相關人員」。

▲ 點擊「新增相關人員」

4. 指派負責該廣告帳號的相關人員，並授與工作權限，再點擊「指派」。

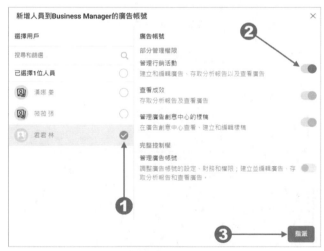

▲ 指派相關人員

5. 指派相關人員成功，已加入用戶，點擊「完成」。

▲ 已加入用戶

方式三：建立新的廣告帳號

如果在企業管理平台使用「建立新的廣告帳號」的方式，那麼該廣告帳號就會直接歸屬在企業管理平台底下。無法將這個廣告帳號轉移給個人帳號使用，也無法轉移帳號的所有權。

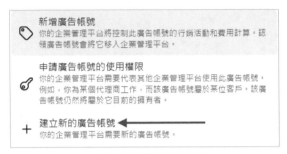

▲ 建立新的廣告帳號

1. 輸入廣告帳號名稱、選定時區與幣別，再點擊「下一步」。

▲ 輸入廣告帳號資料

2. 廣告帳號的使用對象選定為「我的企業管理平台」，也就是該廣告帳號的所有權是屬於誰的。

   再點擊「建立」。

▲ 選擇「我的企業管理平台」

重點指引

這裡若是由廣告代理商來操作，選擇第二項：「其他企業管理平台或客戶」，即使選擇的使用對象是你的企業管理平台名稱，或是輸入你的企業管理平台編號，這樣所建立的廣告帳號，所有權仍是屬於廣告代理商的企業管理平台，而企業僅有使用權而已。

▲ 其他企業管理平台或客戶

3. 指派負責廣告帳號的相關人員，以及工作權限，再點擊「指派」。

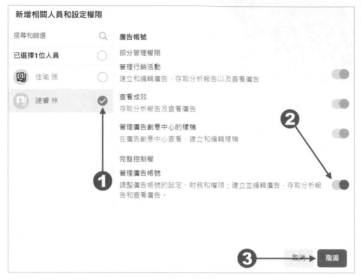

▲ 指派相關人員與工作權限

4. 新的廣告帳號已經建立完成，但得要設定付款資料才能使用。
   點擊「新增付款資料」。

▲ 點擊「新增付款資料」

5. 設定地點和幣別、時區資料，預設值會直接出現台灣的幣別和時區，確認無誤後，點擊「繼續」。

▲ 設定地點和幣別、時區資料

6. 若是公司需要開立統一發票，則可在「商家和稅務資料」這一欄位中，點擊「編輯」。

▲ 編輯商家和稅務資料資料

7. 輸入商家地址與郵遞區號資料，再點擊「儲存」。

▲ 商家地址與郵遞區號

8. 設定付款方式，可以使用簽帳卡、信用卡或 PayPal。

    若有廣告抵用金（會不定期發放），也可勾選，會優先使用。

    選定好付款方式後，再點擊「繼續」。

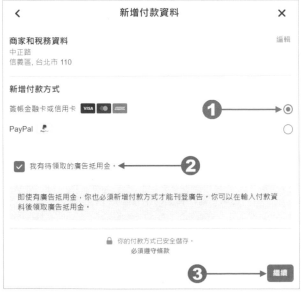

▲ 新增付款方式

9. 輸入信用卡詳細資料，以及信用卡驗證碼，再點擊「儲存」。

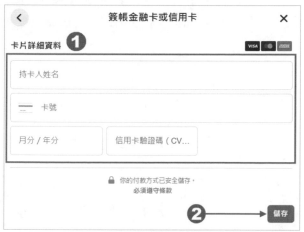

▲ 輸入信用卡資料

問題與對策解決

Q：

如果廣告頻頻被檢舉，或是不知什麼原因，導致廣告帳號被 Facebook 封鎖了，申訴過後仍無法獲得回應，該怎麼辦才好？

A：

1. 再開設一個新的企業管理平台。

2. 選擇以第三種「建立新的廣告帳號」的方式，建立一個廣告帳號。

並將負責廣告帳號的相關人員、以及工作權限、付款方式都設定好。

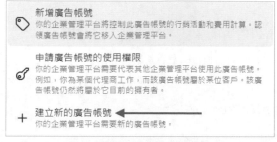

▲ 建立新的廣告帳號

如果在企業管理平台中，廣告帳號的建立上限可達 5 個，那麼就可以再建立 4 個新的廣告帳號。若是當中有任何一個廣告帳號被封鎖了，都不會影響其他的廣告帳號，可以改用其他 4 個中的任何一個廣告帳號再進行投放。

▲ 廣告帳號建立上限為 5 個

✓ 重點指引一

注意：請多建立幾個備用的廣告帳號。

如果發現廣告帳號的建立上限數量提升了，那麼就要立即建立新的廣告帳號，直達上限數目為止。

因為在企業管理平台裡，若有已經被封鎖或停用的廣告帳號，那麼就無法再建立新的廣告帳號了，所以得要在平時就先建立好才行。

例如：廣告帳號建立上限為 5 個，企業管理平台裡已經有 3 個廣告帳號了，但是當日被封鎖了 1 個，剩下 2 個可用的廣告帳號，那麼，能不能再建立 2 個新的廣告帳號呢？

答案是不行的！

✓ 重點指引二

想想看：這三種廣告建置的方式，有什麼不一樣嗎？

1. 從企業管理平台裡，使用「建立新的廣告帳號」的方式，所設立的廣告帳號。
2. 使用個人帳號所建置的廣告帳號。
3. 由廣告代理商建立的廣告帳號。

由企業管理平台建立

 建立時間的長短，在影響部分的廣告功能上，或多或少會有所不同，愈早建立的廣告帳號，擁有時間愈長，權重愈高。

vs.

由個人帳號建立

 個人的廣告帳號通常所投入的廣告費用較少，違背廣告政策的情形也比商業帳號多，因此Facebook對其審核會更嚴格。

 容易被Facebook誤封鎖的機率也較大。Facebook不喜歡個人所建立的廣告帳號，因為它花費少，且大部分容易違背廣告政策，且審核更嚴格。

vs.

由廣告代理商建立

 所有權屬於廣告代理商。

▲ 廣告帳號建立方式的差異點

第六章

同步串連 Instagram 帳號

6-1 添加Instagram帳號

如果只有一個 Instagram 帳號，平時進行管理、維護、廣告投放…等行銷工作時，或許對個人來說，感覺不到不太大的差異性。但如果一個企業中，擁有多個 Instagram 帳號，需要進行品牌的行銷與管理，那麼對多個帳號進行集中控管、維護、並共用行銷資源，就可以感受到企業管理平台所帶來的優勢了。

除了粉絲專頁以外，企業管理平台也可以集中管理多個 Instagram 帳號，並指派成員管理個別 Instagram 帳號的權限，同時也可以將 Facebook 和 Instagram 帳號進行連結、整合，這樣可以增加管理與工作的便利性，例如在 Facebook 投放廣告時，也可以同步在 Instagram 上投放。

那麼，要怎麼在企業管理平台裡，添加 Instagram 帳號呢？

1. 在左欄選單中，點擊「Instagram 帳號」，再點擊「新增」。

▲ 點擊「新增」

2. 點擊「連結你的 Instagram 帳號」。

▲ 連結你的 Instagram 帳號

3. 輸入 Instagram 的帳號、密碼,點擊「登入」。

▲ 連結你的 Instagram 帳號

4. 選擇廣告帳號。這個廣告帳號會與 Instagram 進行連結，日後該 Instagram 帳號欲進行廣告投放時，都會由該廣告帳號來投放。 點擊「結束」。

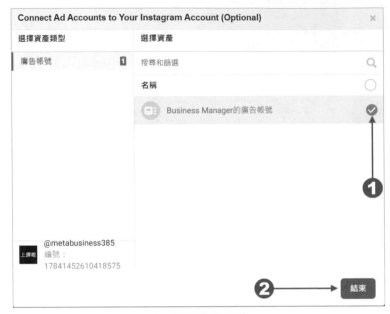

▲ 選擇廣告帳號

5. 已成功新增至企業管理平台中，點擊「確定」。

▲ 點擊「確定」

6.　若是 Instagram 為個人私人帳號，那麼即使是新增至企業管理平台中，仍無法指派相關人員並賦予權限。

這時候企業管理平台會出現「切換為商業帳號以管理使用權限」的訊息，需點擊「Switch」，將 Instagram 由個人帳號轉為商業帳號。

▲ 點擊「Switch」

7.　出現「取得管理 Instagram 的其他設定」視窗訊息，點擊「登入」。

▲ 點擊「登入」

8. 輸入 Instagram 帳號的用戶名稱、手機號碼或 EmaiL，以及密碼，點擊「登入」。

▲ 輸入 Instagram 的帳號與密碼

9. 選擇商業帳號類型，再點擊「下一步」。

▲ 選擇商業帳號類型

10. 出現商業帳號所擁有的功能與服務訊息說明，點擊「下一步」。

▲ 點擊「下一步」

✓ 重點指引

Instagram 創作者帳號與商家帳號有什麼不同？

如果以功能面來說，兩者的差異不大。但如果以顯示的類別來說，選擇適合的帳號類型，更有助於用戶的區分。

但無論選擇哪一種帳號，在企業管理平台底下，所授與的權限都是一樣的，且日後都可以進行不同帳號間的切換，如：將創作者帳號轉換為商家帳號。

▲ 創作者帳號與商家帳號的差異

11. 選擇在個人檔案上，所要顯示的類別，再點擊「完成」。

▲ 點擊「完成」

12. 已成功轉換成 Instagram Business 商業帳號，點擊「完成」。

▲ 點擊「完成」

13. 回到企業管理平台中，點擊左欄選單的「Instagram 帳號」，選擇 Instagram 用戶名稱，在工作設定介面中，點擊「新增相關人員」。

▲ 點擊「新增相關人員」

14. 選擇負責該 Instagram 帳號的相關人員，並指派所要授與的權限。例如該相關人員只負責 Instagram 廣告的投放，並不賦予他 Instagram 內容貼文的管理權限，那麼即可選擇「廣告」與「洞察報告」的管理權限。而後，繼續點擊「指派」。

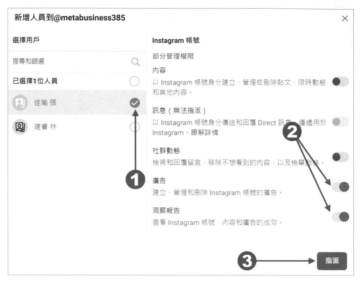

▲ 指派相關人員並授與權限

15. 新增相關人員成功，點擊「完成」。

▲ 點擊「完成」

6-2 進行粉絲專頁與Instagram帳號的連結

一、串連 Instagram 帳號與粉絲專頁的好處

除了在企業管理平台中添加 Instagram 帳號以外，也別忘了，將 Instagram 帳號連結至 Facebook 粉絲專頁。

這麼做有什麼好處呢？

01 可將粉絲專頁貼文，同步分享至Instagram。

02 可以從Instagram新增粉絲專頁的限時動態。

03 可將商家資料，如電話、地址，從粉絲專頁同步到Instagram，使用相同的商家聯絡資料。

04 粉專管理員可以使用『Instagram 推廣』來建立Instagram的廣告。

05 可以同時管理粉絲專頁與Instagram的訊息。

▲ 串連 Instagram 帳號與粉絲專頁的好處

二、如何進行粉絲專頁與 Instagram 帳號的連結？

1. 到粉絲專頁中，點擊左欄選單的「設定」。

▲ 點擊「設定」

2. 點擊左欄選單中的「Instagram」，再點擊「連結帳號」。

▲ 點擊「連結帳號」

3. 出現「允許在收件匣存取 Instagram 訊息」，這可以讓粉絲專頁的管理員，也有權限查看 Instagram 訊息。

▲ 點擊「繼續」

4. 輸入 Instagram 的帳號與密碼，點擊「登入」。

▲ 點擊「登入」

5. 連結完成後，會跳轉回粉絲專頁的設定頁面，並顯示「已連結的 Instagram 帳號」等資料。

▲ 已連結的 Instagram 帳號

第七章

集中部署應用程式

7-1 應用程式的申請

Meta 有一個針對開發人員的開放平台，提供用戶使用 API，申請應用程式，來擴展業務。例如 Facebook 的遊戲、或企業的網站可以讓用戶以 Facebook 或 Instagram 帳號登入，不用額外再註冊會員。

另外，像利用 Wordpress 架設網站，在網站發佈內容時，也希望一併將內容同步到粉絲專頁與 Instagram 時，也需要至開放平台申請應用程式，並在 Wordpress 安裝外掛，透過應用程式，將 Wordpress 與 Facebook 串接起來。

那麼，該怎麼申請應用程式呢？

1. 至 Meta for Developers（https://developers.facebook.com/）平台首頁，點擊「立即開始」，申請開發者身份。

▲ Meta for Developers 首頁

2. 以管理員個人 Facebook 帳號的身份登入，點擊「繼續」。

▲ 登入 Facebook 帳號

3. 輸入手機號碼，點擊「發送驗證簡訊」，驗證開發人員帳號。

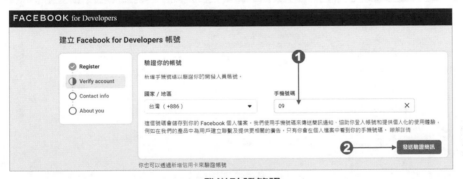

▲ 發送驗證簡訊

4. 輸入驗證碼，點擊「繼續」。

▲ 輸入驗證碼

5. 勾選同意條款，點擊「確認電子郵件」。

▲ 確認電子郵件地址

6. 選擇身分別，點擊「完成註冊」。

▲ 點擊「完成註冊」

7. 點擊「建立應用程式」，就可以開始應用程式的申請。

▲ 點擊「建立應用程式」

8. 選擇應用程式類型，點擊「繼續」。

需注意的是，一旦選定後，所申請的應用程式，日後將無法再變更應用程式類型。

▲ 點擊「繼續」

9. 輸入應用程式顯示名稱、聯絡電子郵件地址,並選擇所要連結的企業管理平台,再點擊「建立應用程式」。

▲ 建立應用程式

10. 輸入管理員帳號的密碼,並點擊「提交」,進行安全性的再次確認。

▲ 點擊「提交」

11. 進入到「應用程式主控板」介面中。

▲ 應用程式主控板

粉絲專頁串接應用程式

開發者平台為應用程式開發，提供了許多可以簡化建立流程的產品，讓開發者可依據所需快速串接。

而對沒有任何程式經驗的行銷人員或小編來說，是不是就用不到應用程式了呢？

當然不是！應用程式可應用的範圍相當廣泛，從網站、Instagram、到粉絲專頁都可以增添應用程式。

即使是為粉絲專頁，增添一個專屬的頁籤，也是需要使用到應用程式的。

現在，就以粉絲專頁為例，說明如何透過應用程式，在粉絲專頁上加入一個客製化的活動表單頁籤。

1. 在應用程式主控板左欄選單中，先點擊「設定」，再點擊「基本資料」。

▲ 點擊「基本資料」

2. 填入應用程式基本資料，包含顯示名稱、聯絡電子郵件…等。

而這裡主要有 3 個欄位是不可省略的：

- 「隱私政策網址」：這是必填的欄位，網址可使用「http」、「https」開頭，但建議仍以「https」開頭為佳。

- 「應用程式圖示」：檔案可使用 JPG、GIF 或 PNG 格式。圖示大小以 1024 x 1024 像素為佳。檔案大小為 5MB 以內。
- 「應用程式用途」：選擇用途，如：「你自己或你的商家」。
填寫完之後，點擊「儲存變更」。

▲ 填入應用程式基本資料

3. 接著，在基本資料頁面底端，點擊「新增平台」。

▲ 點擊「新增平台」

4. 將「Page Tab」勾選起來，點擊「下一步」。

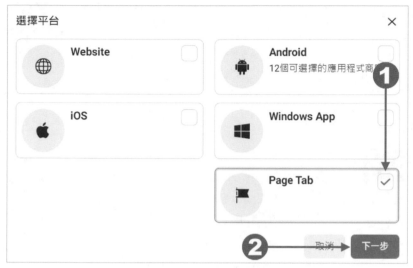

▲ 勾選「Page Tab」

5. 先填入「粉絲專頁頁籤名稱」，並上傳「粉絲專頁頁籤圖像」，圖像大小為：111 x 74 像素。可使用 JPG、GIF 或 PNG 檔案。檔案大小需在 1MB 以內。

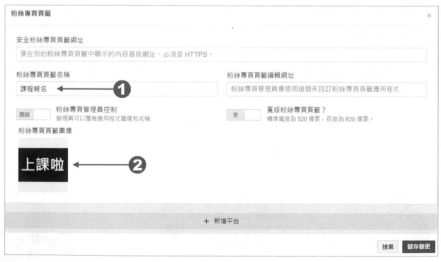

▲ 填入粉絲專頁頁籤名稱與圖像

6. 接著，是「安全粉絲專頁頁籤網址」這個欄位。

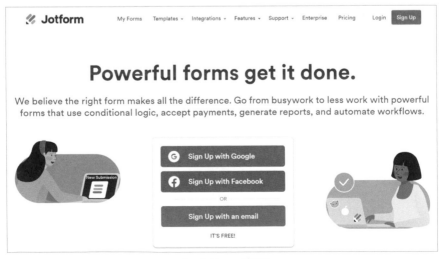

▲ 安全粉絲專頁頁籤網址

目前，粉絲專頁對於外部網頁的控管非常嚴格，即使是一般的網頁或 Google 表單，也無法正常顯示。

若要在粉絲專頁加入活動表單的話，可以使用 Jotform 的表單服務。

Jotform 官網：

https://www.jotform.com/

▲ Jotform 官網

7. 點擊「Sign Up with Facebook」，以社群帳號註冊。

   當然，也可以使用 Google 帳號、或以 EMAIL 進行註冊。

▲ 點擊「Sign Up with Facebook」

8. 點擊「以 OO 的方式繼續」，進行授權。

▲ 進行授權

9. 勾選同意條款與隱私權政策，點擊「CONTINUE」。

▲ 點擊「CONTINUE」

10. 點擊「CREATE FORM」，開始建立表單。

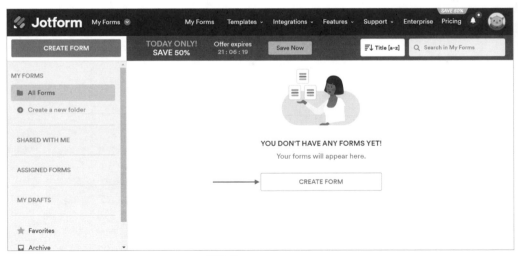

▲ 點擊「CREATE FORM」

11. 選擇創建表單的方式，這裡有 3 種方式可供選擇：

- Start Form Scratch：從空白表單建立起
- Use Template：使用範本創建，裡面有超過 10000 種以上的範本

● Import Form：從現有表單匯入

這裡先選擇「Use Template」的方式建立表單。

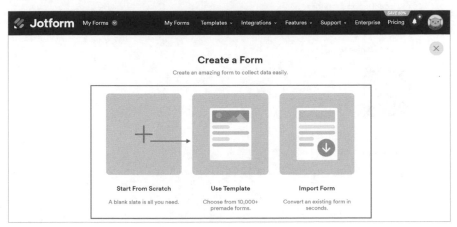

▲ 選擇「Use Template」

12. 範本提供了各式各樣的表單可供使用，非常方便。可以依照所需的類別直接修改。選定範本後，點擊「Use Template」。

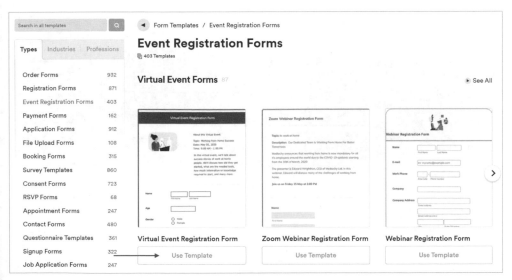

▲ 選定範本

13. 上傳企業或品牌 LOGO，並輸入名稱，點擊「SAVE」。

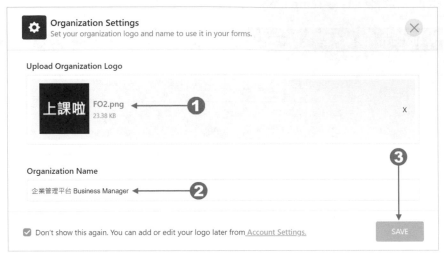

▲ 上傳 LOGO

14. 進行表單編輯，編輯的方式很簡單，直接點擊要修改的文字或圖片，就能立即修改。

▲ 編輯表單

15. 編輯完表單之後，點擊「PUBLISH」。

會出現表單連結網址，點擊「COPY LINK」，將網址複製起來。

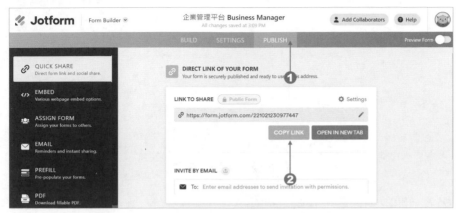

▲ 點擊「COPY LINK」

16. 將表單網址貼入「安全粉絲專頁頁籤網址」中，就可以點擊「儲存變更」。

▲ 貼入網址

17. 將應用程式編號複製起來，點擊編號即可複製。

▲　複製應用程式編號

18. 接著，開啟瀏覽器，在網址列輸入：

https://www.facebook.com/dialog/pagetab?app_id= 這邊輸入應用程式編號 &redirect_uri= 這邊輸入安全粉絲專頁頁籤網址

如：

https://www.facebook.com/dialog/pagetab?app_
id=1938577099674283&redirect_uri=https://form.jotform.
com/221021230977447

▲　輸入網址

19. 選定粉絲專頁後,點擊「新增粉絲專頁頁籤」。

    要注意的是,粉絲專頁的追蹤人數,必須超過 2000 名粉絲,才能夠擁有新增頁籤的資格。

▲ 新增粉絲專頁頁籤

20. 進入粉絲專頁中,點擊「更多」,就可以看到客製化的頁籤與活動表單內容,已經顯示出來了。

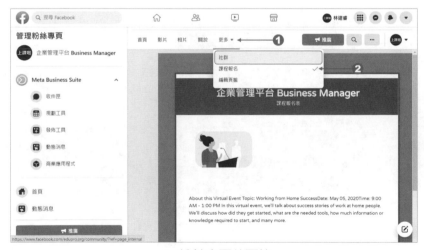

▲ 粉絲專頁的頁籤

21. 回到企業管理平台，點擊左欄選單中的「應用程式」，也可以看到，該應用程式也已經被納入企業管理平台中，且負責該應用程式的相關人員與授予的權限，也已自動指派完畢。

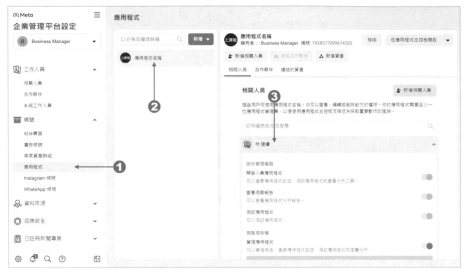

▲ 企業管理平台的應用程式

22. 若日後需要增加其他應用程式時，也可以再點擊「新增」，選擇「建立新的應用程式編號」後，就會連結到開發者平台了。

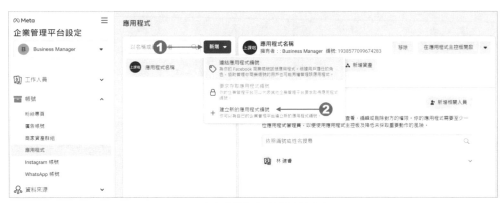

▲ 建立新的應用程式編號

連結應用程式

若是在企業管理平台建立之前所申請的應用程式，要怎麼歸屬到目前的企業管理平台底下呢？

1. 點擊左欄選單的「應用程式」，再點擊「新增」，選擇「連結應用程式編號」。

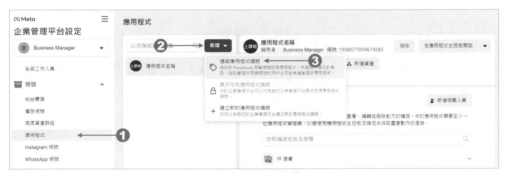

▲ 連結應用程式編號

2. 輸入應用程式編號，點擊「新增應用程式」。

▲ 點擊「新增應用程式」。

3. 應用程式已經歸屬完成，點擊「確定」。

注意：應用程式的管理員，必須也是企業管理平台的管理員之一，才能順利將應用程式歸屬進去。

▲ 點擊「確定」

4. 歸屬進企業管理平台後，管理員會自動被指派並賦予應用程式的完整控制權。

若要再指派其他成員，可點擊「新增相關人員」。

▲ 點擊「新增相關人員」

5. 指派負責應用程式工作的成員，並授與工作權限，再點擊「指派」。

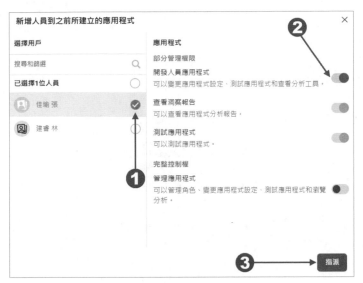

▲ 指派相關人員

6. 成員已成功加入，點擊「完成」。

▲ 點擊「完成」

第八章

統一指定付款方式與通知

第八章 統一指定付款方式與通知

8-1 付款方式

在個人的廣告帳號裡，每個廣告帳號都需要個別指定付款方式，但是在企業管理平台中，如果平台裡有 5 個廣告帳號，那麼可以將所有的廣告帳號，都指定同一個付款方式，甚至以同一張信用卡來付款。當然，也可以替各個廣告帳號指定不同的付款方式，彈性度相當地大。

不同的廣告帳號，如何使用相同的付款方式？

1. 點擊左欄選單中的「付款方式」，再點擊「新增付款方式」。

▲ 點擊「新增付款方式」

2. 選擇是否指派特定的財務編輯來處理，再點擊「繼續」。

▲ 指派財務編輯

3.　「國家 / 地區」選定「台灣」，幣別預設值為「美元」，但可以更改成「新台幣」，付款方式只能選擇「簽帳金融卡或信用卡」，設定好之後，點擊「繼續」。

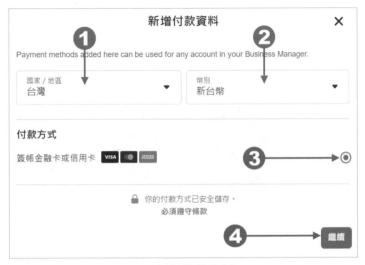

▲ 新增付款資料

4.　輸入信用卡資料，點擊「儲存」。

▲ 簽帳金融卡或信用卡

5.　回到付款方式的設定介面中，雖然已經有信用卡資料了，但還沒有將付款方式與廣告帳號做連結，因此還要再做進一步的設定。

▲ 付款方式顯示訊息

6. 點擊「所有工具」選單,再點擊「收費」。

▲ 點擊「收費」

7. 選擇所要連結的廣告帳號,再點擊「付款設定」。

▲ 點擊「付款設定」

8. 在「付款方式」區塊中,點擊「新增付款方式」。

▲ 點擊「新增付款方式」

9. 在「新增付款資料」中,設定地點和幣別,「國家/地區」選擇「台灣」, 幣別可設定為「新台幣」,要注意的是,地點和幣別設定完成後,日後 都無法變更。

選定完成後,點擊「繼續」。

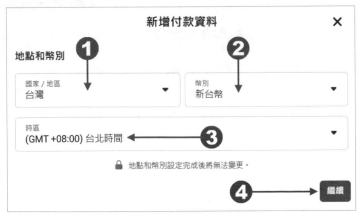

▲ 設定地點和幣別

10. 選擇「企業管理平台的付款方式」，點擊「繼續」。

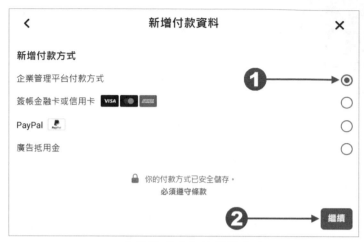

▲ 企業管理平台的付款方式

11. 點擊「設為主要付款方式。」

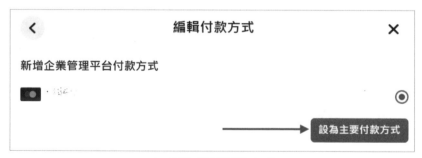

▲ 設為主要付款方式

12. 付款方式與廣告帳號成功連結，點擊「完成」。

▲ 點擊「完成」

8-2 通知

調整通知設置

在企業管理平台中,有各類型的通知集中在一起,可以選擇想要透過哪種方式獲取通知,或不要接受通知。

點選左欄選單的「通知」,針對各個項目,都可以選擇是否要將通知開啟或關閉。

▲ 開啟 / 關閉通知

主題四：
集中管理行銷資產，
精準設定廣告

第九章

提升廣告成效 ── Meta 像素

9-1　添加Meta像素

問題與對策解決

Q：

如果您的廣告帳號遭到檢舉，要如何降低至最小的損失？

A：

如果廣告帳號因為違規、可疑活動、或是不明原因而被禁用，除了不能以此帳號投放廣告以外，連帶之前所建立的廣告像素，以及其相關的記錄，都會受到影響。

雖然之前有提過，可以使用其他備用的廣告帳號，然而廣告像素若要再重新建立，卻需要花費不少的時間和金錢，才能達到與舊像素相近的轉換效益。

因為建立一個新的廣告像素，要從頭開始記錄，直至它可以帶來轉換率，這需要數周、甚至數月的時間，而且還要花費一筆可觀的廣告費，才能有轉換成效出現。

即使遵從廣告政策，卻也免不了競爭對手的惡意檢舉，而導致廣告帳號被禁用。所以擁有一套備份系統是很重要的，不但要有備用的廣告帳號，最重要的是，也要有廣告像素的備份。

大多數企業，在網站上只會安裝 1 個廣告像素，但是透過企業管理平台，卻可以在同一個網站上，安裝多個廣告像素，而且可以安裝獨立的像素。

所謂獨立的像素，就是在預設情況下，不要將其指派給任何的廣告帳號，而是有需要的時候，才手動指派。

如果在網站上安裝一個獨立像素，且不將它分配給任何廣告帳號，平日它會蒐集數據資料，而萬一廣告帳號被停用時，就可以將這個獨立的像素分配給其他的廣告帳號，再繼續投放廣告，這樣就不用再重新安裝像素，也不用再從頭開始蒐集數據資料了。

要做到這一點，降低損失，通常每個廣告帳號需要建立 2 ～ 3 個像素。

1 個像素分派給正在運行的廣告帳號，而另外的 1 ～ 2 個獨立像素，則僅用於蒐集數據資料使用，先不要分配任何的廣告帳號。

如果是一般的個人廣告帳號，只能擁有 1 個廣告像素，但是在企業管理平台裡，卻可建立 100 個廣告像素，這也是企業管理平台的最大優勢之一。

一、新增 Meta 像素

1. 點擊左欄選單的「像素」，再點擊「新增」。

▲ 點擊「新增」

2. 輸入像素名稱與網址（網址也可以先不填入，之後再做設定），點擊「繼續」。

▲ 輸入像素名稱與網址

3. 選擇「立即設定像素」，在網站上設置新的像素。

▲ 立即設定像素

4. 這裡有 2 種安裝像素的方式：

- 使用合作夥伴帳號以設定像素：適合架站程式、網路開店平台使用，如 WordPress、WooCommerce、Shopify... 等，不需要編寫程式碼，只要下載網站適用的外掛程式就可以安裝了。

- 編輯網站程式碼以設定像素：適合自行開發的網站使用，需要在網站的程式碼中，添加 Meta 像素程式碼。

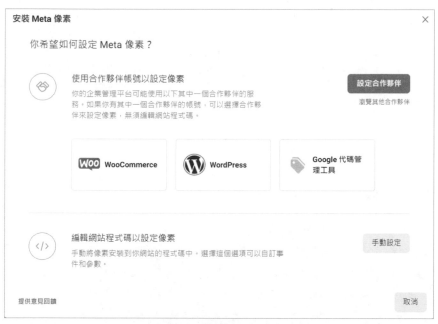

▲ 設定 Meta 像素的 2 種方式

方式一：使用合作夥伴帳號以設定像素

以目前最廣泛使用的 WordPress 為例：

1. 在「使用合作夥伴帳號以設定像素」的區塊中，點擊「WordPress」，再點擊「設定合作夥伴」。

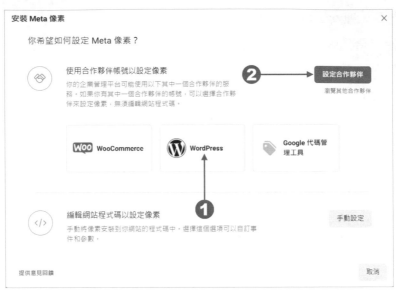

▲ 點擊「設定合作夥伴」

✓ 重點指引

關於 WordPress 的建置與安裝，並與 Facebook 等社群做最佳串連，如何自架一個自帶行銷力的網站，達到整合網站與社群行銷的最佳效益，若想進一步學習與進修，可掃描 Qrcode，瞭解課程詳情與諮詢。

▲ 最專業且實戰的 WP 全方位課程

---

2. 雖然 Facebook 提供了像素外掛程式的安裝步驟與解說，卻沒有提供任何的外掛程式可供下載。

   但在解說步驟 2 的內容當中，出現了下載檔案名稱，在檔案名稱中的數字，即是 Meta 像素的編號，可先將這一串編號複製起來，再點擊「繼續」。

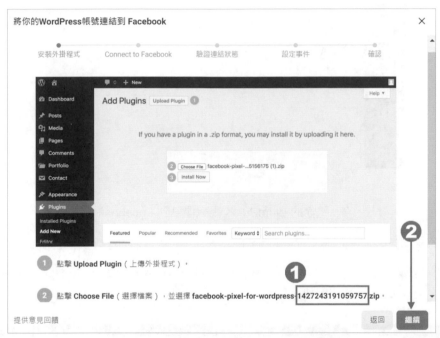

▲ 在檔案名稱中出現的數字，就是像素編號

3. 出現「將你的 WordPress 帳號連結到 Facebook」的說明。

   暫時先不做任何的設定，而是要切換到 WordPress 控制後台中，安裝 Meta 像素的外掛程式。

▲ 將你的 WordPress 帳號連結到 Facebook

4. 至 WordPress 控制後台,點擊「安裝外掛」,在搜尋欄位中,輸入關鍵字「Pixel Cat」,選擇「「Pixel Cat – Conversion Pixel Manager」外掛程式,再點擊「立即安裝」。

▲ 安裝「Pixel Cat–Conversion Pixel Manager」

> **重點指引**
>
> 雖然 Facebook 也有發佈官方外掛 --「Facebook Pixel for WP」,但只能指定一個像素,若是需要讓多個像素同時安裝於網站上,就需要使用具有更強大功能的外掛程式。
>
> 而 Pixel Cat–Conversion Pixel Manager 升級成 Premium 版之後,可以再安裝其他的像素。

5. 安裝完畢之後,再點擊「啟用」。

▲ 點擊「啟用」

6. 點擊左欄選單的「Pixel Cat」,再點擊「Add Pixel」。

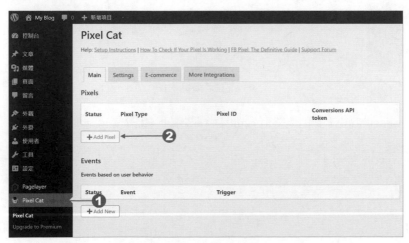

▲ 點擊「Add Pixel」

7. 在 Pixel settings 設 定 介 面 中,「Type of pixel」 選 擇「Facebook Pixel」,並輸入「Pixel ID」,再點擊「Add」。

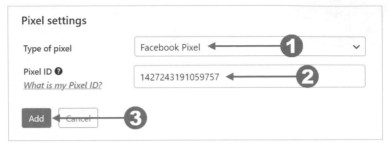

▲ 設定 Pixel settings

8. 已新增一筆像素資料,點擊「Save」,儲存設定。

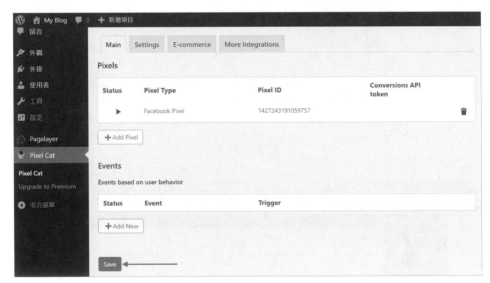

▲ 設定「Save」

9. 回到 Facebook 的像素設定介面中,點擊「繼續」。

▲ 點擊「繼續」

10. 若 Facebook 還未讀取到安裝在網站上的像素，或先前的設定中，並未輸入網址的話，Facebook 會顯示「尚無活動」，因此可以在欄位中輸入網址，再點擊「傳送測試流量」。

▲ 點擊「傳送測試流量」

11. 當出現綠色燈號：「使用中」的狀態，代表 Facebook 與網站成功串接，
    Facebook 可以讀取到網站已將像素安裝完成，此時可以再點擊「繼續」。

▲ 顯示「使用中」狀態

12. 接著，要進行設定事件的操作。

    以前設定事件，需要手動安裝程式碼，相當的麻煩。但現在 Facebook 提
    供了事件設定工具，簡化了設定的流程。

    輸入網站網址，點擊「開啟網站」。

▲ 設定事件

13. 進入網站後，第一次使用事件設定工具時，網站會先跳出說明介面，連
　　續點擊 2 次繼續後，最後再點擊「立即開始」。

▲ 說明介面

▲ 點擊「繼續」

▲ 點擊「立即開始」

14. 事件的設定，有 2 種追蹤方式：

- 追蹤新按鈕：針對頁面中的特定按鈕來追蹤，如註冊、加入購物車按鈕。
- 追蹤網址：針對整個頁面來設定事件，如瀏覽頁面。

以追蹤網址為例：

(1) 點擊「追蹤網址」。

▲ 追蹤網址

(2) 選擇要追蹤的事件，這裡選擇的是「瀏覽內容」。

而追蹤網址的欄位，會自動顯示出目前頁面的網址，若只是要追蹤當前頁面，就保留預設值即可。

另外，也可以再設定消費金額和幣別，來衡量事件所帶來的廣告報酬率。若頁面未涉及投資報酬率的話，則選擇「不要包含消費金額」。

都設定好之後，再點擊「確認」。

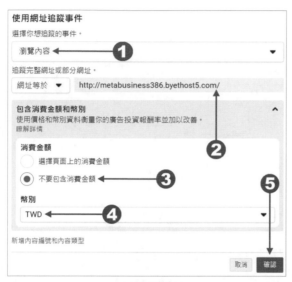

▲ 追蹤網址

(3) 若沒有要再新增其他事件，可點擊「完成設定」。

▲ 點擊「完成設定」

(4) 事件新增完畢，點擊「完成」。

▲ 點擊「設定」

15. 回到像素的設定流程中，點擊「繼續」。

▲ 點擊「繼續」

16. 像素設定成功，點擊「完成」。

▲ 點擊「完成」

方式二：編輯網站程式碼以設定像素

1. 若是選擇「編輯網站程式碼以設定像素」的方式，則點擊「手動設定」。

▲ 點擊「手動設定」

2. 將「在網站安裝基底程式碼」裡的程式碼全部複製起來，。

▲ 複製程式碼

3. 將像素程式碼貼到網站的程式碼中，程式碼位置需貼在 \<head\> 與 \</head\> 之間。

```
<head>
<!-- Meta Pixel Code -->
<script>
 !function(f,b,e,v,n,t,s)
 {if(f.fbq)return;n=f.fbq=function(){n.callMethod?
 n.callMethod.apply(n,arguments):n.queue.push(arguments)};
 if(!f._fbq)f._fbq=n;n.push=n;n.loaded=!0;n.version='2.0';
 n.queue=[];t=b.createElement(e);t.async=!0;
 t.src=v;s=b.getElementsByTagName(e)[0];
 s.parentNode.insertBefore(t,s)}(window, document,'script',
 'https://connect.facebook.net/en_US/fbevents.js');
 fbq('init', '739276927245554');
 fbq('track', 'PageView');
</script>
<noscript><img height="1" width="1" style="display:none"
 src="https://www.facebook.com/tr?id=739276927245554&ev=PageView&noscript=1"
/></noscript>
<!-- End Meta Pixel Code -->

</head>
```

▲ 像素程式碼位置

4. 想要知道像素是否安裝成功，可以在「3. 測試基底程式碼」中，將網站網址填入，再點擊「傳送測試流量」。

▲ 傳送測試流量

5. 安裝成功時，會出現「使用中」的綠色燈號。

接著點擊「繼續」。

▲ 安裝成功，點擊「繼續」

6. 接著，就可以開始設定事件了。

「使用 Facebook 的事件設定工具」的設定方式，請參閱「使用合作夥伴帳號以設定像素」的操作步驟 12 ～ 14。

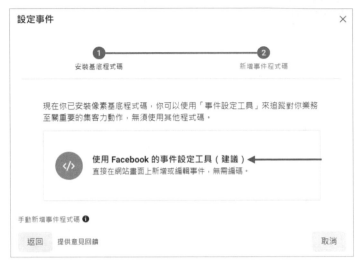

▲ 使用 Facebook 的事件設定工具

二、指派像素工作權限

當像素安裝成功之後，回到企業管理平台的控制後台中：

1. 點擊「像素」，選擇好要設定的像素名稱後，再點擊「新增相關人員」。

▲ 點擊「新增相關人員」

2. 指派負責的相關人員，並分配工作權限，再點擊「指派」。

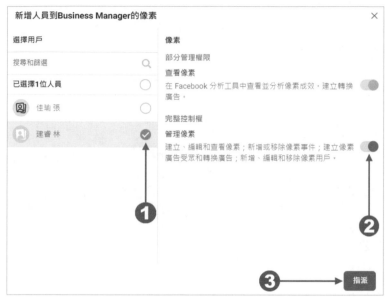

▲ 點擊「指派」

3. 相關人員已成功加入，點擊「完成」。

▲ 點擊「完成」

4. 萬一日後廣告帳號被 Facebook 停用時，選擇備用的廣告像素，再點擊
「新增資產」。

▲ 點擊「新增資產」

5. 選擇廣告帳號，將備用的像素手動指派給正常運行的廣告帳號，再點擊
「新增」。

▲ 選擇廣告帳號

6.　已成功新增資產，點擊「完成」。

▲　點擊「完成」

9-2　分享像素

一、為什麼要分享像素？

在傳統的行銷觀念中，企業本身只會針對自己的產品來發想行銷活動，舉例來說，像是 A 品牌牛奶公司只會行銷牛奶，B 品牌麥片公司也只會行銷麥片，兩家公司不會有交集。然而，當公司成長到一段時間之後，都會遇上瓶頸，牛奶的銷量會變少，同樣地，麥片的銷量也減少。

但仔細觀察的話，可以發現：習慣以牛奶當早餐的顧客，每天早上不會只喝牛奶，也會在早餐中加入一些麥片；而習慣吃麥片的顧客，也會在吃麥片時，加入一些牛奶。因此，假設這兩家公司可以彼此交換自己的客源，也就是說，從來沒有吃過 B 品牌麥片的顧客，因為在購買牛奶時，看到牛奶與麥片的優惠組合，有了試吃 B 品牌的麥片的機會，而後覺得好吃，就有意願去購買 B 品牌麥片。

兩家公司的合作，對 B 品牌麥片公司來說，因為彼此分享客源，使得他擁有 A 品牌牛奶公司的客源，多了直效行銷的機會，銷量自然可以再次增長。

當然，B 品牌麥片公司，也可以推出一大盒麥片搭配一小瓶牛奶的組合，也許 B 品牌麥片的顧客，從來沒有喝過 A 品牌的保久乳，嘗試之後覺得不錯，因此 B 品牌麥片的客源，就能夠導流到 A 品牌保久乳公司上，讓彼此都擁有對方的客源。

A 品牌與 B 品牌的相互合作、分享客源，為彼此創造雙贏的結果，就是「共同行銷」。

那麼，要怎麼將「共同行銷」的概念，應用在 Meta 像素上呢？

其實很簡單，只要在網站上安裝 Meta 像素，把像素分享給合作夥伴，就可以彼此交換廣告受眾了。

與廣告管理員不同，使用企業管理平台的好處之一，就是可以和合作夥伴分享像素，而合作夥伴也不僅僅是廣告代理商，也包括有業務往來的公司、廠商。

舉例來說，如果合作夥伴之前運行了 Facebook 廣告一段時間，也在網站上安裝了 Meta 像素，並記錄了不少的數據資料，那麼當彼此的受眾屬於相似的族群時，可以交換像素，各自使用合作夥伴的像素，拓展客源，來提高轉化率，達成雙贏的效益，這就是「共同行銷」。

應用到實際案例上，以信用卡公司來說，在信用卡公司的官網上，安裝了自家公司的 Meta 像素，而他的合作夥伴 -- 航空公司的網站也有自家的像素，彼此分享像素之後，就可以利用像素再建立自訂廣告受眾，把信用卡公司的顧客，導流給航空公司。

因為航空公司的客源，不見得有信用卡的顧客；而信用卡公司的顧客，航空公司也不見得具備，但交換客源後，航空公司可以拓展信用卡公司的客源，信用卡公司也可以增加航空公司的客源，兩家公司就能夠擴大客源了。

▲ 兩家公司分享像素後，可以擴大客源範圍

同樣的，如果還可以再加上飯店、租車公司，讓兩家公司的客源，再拓展成四家公司的客源，那麼客源就可以不斷地擴充。

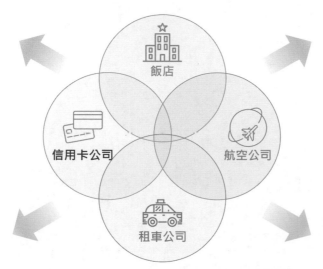

▲ 再拓展成四家公司，客源範圍不斷擴大

除此之外，在企業管理平台中，總共可以設定 100 組的 Meta 像素，不僅網站的像素可以彼此分享以外，也可以針對特別的節慶活動製作網頁，將 Meta 像素安裝在幾個特定的網頁中。例如 A 公司的母親節活動網頁，以及 B 公司的母親節活動網頁，都可以再個別安裝特定的 Meta 像素。而後在母親節的檔期中，兩家公司聯合舉辦行銷活動，並在網站中安裝像素，那麼在活動期間，例如展開活動後的一個星期，將像素分享給對方，再以像素產生自訂廣告受眾，共享客源了。

二、如何分享像素？

不管是您要將像素分享給合作夥伴，或是合作夥伴分享給您，都要在像素的詳細設定頁中，進行分享的設定：

1. 假設是合作夥伴要將廣告分享給你，那麼就要在他們所屬的企業管理平台中，選擇所要分享的像素，點擊「指派合作夥伴」。

▲ 點擊「指派合作夥伴」

2. 輸入合作夥伴的企業管理平台編號，並授與工作權限，再點擊「繼續」。

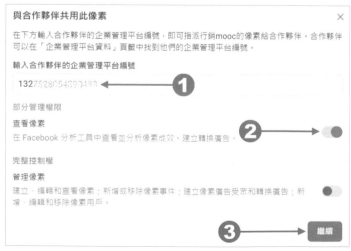

▲ 與合作夥伴共用此像素的設定

3. 像素已經分享出去，點擊「完成」。

▲ 點擊「完成」

✓ **重點指引**

但要值得注意的是，如果是初申請企業管理平台的話，因為使用的時間不長，Facebook 還會要求該企業管理平台，必須先遵從政策數週後，才能與合作夥伴共用像素。

▲ 無法共用像素的顯示訊息

4. 當合作夥伴廣告像素分享給你後，你也可以進到自己所屬的企業管理平台中，點擊「像素」，就能看到該像素的資料，且像素名稱下方，也會顯示出像素的擁有者。

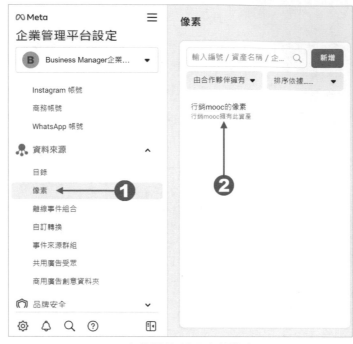

▲ 合作夥伴所分享的像素

5. 點擊「新增相關人員」，選擇要將此像素分配給內部的哪一位成員負責。

▲ 點擊「新增相關人員」

6. 選擇負責像素的成員，賦予工作權限後，再點擊「指派」。

▲ 點擊「指派」

7. 相關人員已成功新增並指派，點擊「完成」。

▲ 點擊「完成」

8. 接下來，需再決定要將哪個廣告帳號與該像素連結起來，點擊「新增資產」。

▲ 點擊「新增資產」

9. 資產類型選擇「廣告帳號」，並選定所要連結的廣告帳號名稱，再點擊「新增」。

▲ 指派廣告帳號

10. 已成功將廣告帳號與廣告像素連結，點擊「完成」。

▲ 點擊「完成」

> ⊘ **重點指引**
>
> 要將分享後的 Meta 像素，再產生自訂廣告受眾，設定方式可參閱「第十三章 共用廣告受眾」中的「二、從「網站」建立自訂廣告受眾」。

第十章

適時推送商品 —— 目錄

10-1 關於目錄

一、什麼是目錄？

當企業想要宣傳或販售商品時，可以建立目錄，將所有的商品上傳。透過目錄，一方面可以連結至 Facebook 和 Instagram 進行銷售。另一方面，目錄也可以和不同類型的廣告互相搭配，在 Facebook 依據受眾的興趣或喜好，適時地推送至他們眼前。

二、為什麼要建立目錄？

1. 投放廣告時，當公司的產品品項多、種類也多時，如果一個一個上傳，作業流程會變得繁瑣且無效率，這時候就需要使用「目錄」，一次大量性地上傳。

2. 希望投放產品的動態性廣告、再行銷廣告時，就需要建立「目錄」，讓廣告直接讀取目錄資料，並自動向曾經與商品互動過的受眾再次投放廣告。

> **⊘ 重點指引**
>
> 在建立目錄之前，記得要先把 Meta 像素安裝好，否則部分權限會受到限制。

10-2 添加目錄

1. 點擊左欄選單的「目錄」，再點擊「新增」。

▲ 點擊「新增」

2. 新增目錄有兩種方式：

- 申請目錄使用權限：適合廣告代理商、合作夥伴來設定，僅申請目錄的使用權，用於投放廣告，並沒有擁有權。

- 建立新目錄：適合企業本身來新增、設定，擁有權也是歸屬於企業管理平台中。

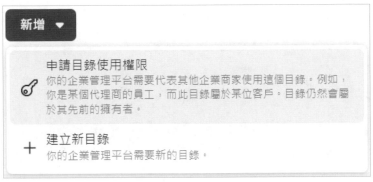

▲ 新增目錄有兩種方式

為了能更好地釐清這兩種新增目錄的區別，在這裡先以「建立新目錄」開始，說明企業管理平台如何建立自己的產品目錄。

而後，再說明如何將所建立的產品目錄，授與廣告代理商使用權限，而廣告代理商端的企業管理平台，則需使用「申請目錄使用權限」來設定。

方式一：建立新目錄

1. 選擇「建立新目錄」。

▲ 選擇「建立新目錄」

2. 為目錄名稱命名，並選擇目錄類型。

   目錄類型分為產品、飯店、航班、目的地、房地產廣告、車輛等 6 種。
   接著，點擊「建立目錄」。

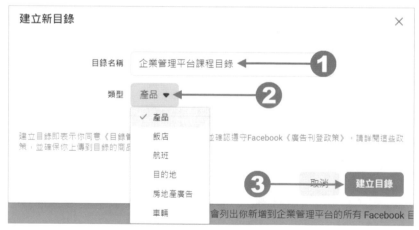

▲ 點擊「建立目錄」

3. 選擇負責管理目錄的相關人員,並分配權限,讓成員擁有管理目錄或刊登廣告的權限,再點擊「指派」。

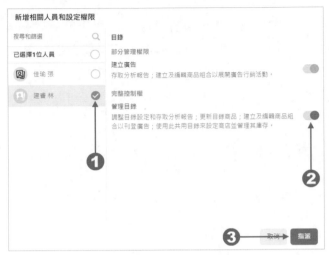

▲ 指派相關人員與權限

4. 選擇要與目錄連結的像素或應用程式,用於追蹤用戶在網站上與產品的互動情形,再點擊「儲存」。

▲ 選擇要連結的像素

✓ 重點指引

針對 iOS14.5+ 的用戶

由於 iOS14.5+ 相關變更的緣故，針對 iOS 14.5 以上的裝置，對於某些停用追蹤功能的用戶，在計算成效上會有落差，若需要針對 iOS14.5+ 的用戶再做像素設定的調整，則要前往事件管理工具再做設定。

1. 將游標移至連結開啟按鈕，即會出現「像素未收到針對 iOS 14.5+ 最佳化的事件」的視窗。

   點擊「前往事件管理工具」。

▲ 點擊「前往事件管理工具」

2. 選擇要設定的像素，點擊「設定」，在「流量權限」區塊，點擊「建立許可清單」。

▲ 點擊「建立許可清單」

3. 點擊「新增到許可清單」。

把網站的網域新增到允許清單，就可以持續接收到網站的流量和事件資料。

▲ 點擊「新增到許可清單」

4. 在輸入網域欄位旁，點擊「確認」。

▲ 點擊「確認」

5. 已經將網域新增到許可清單中，點擊「關閉」。

管理流量權限　　　　　　　　　　　　　　　　　　　　×

新增到許可清單　　新增到排除清單

　⊘　已新增到許可清單　　　　　　　　　　　　　　　　　　×

　　　metabusiness386.byethost5.com和所有子網域都已新增到允許清單

將網域新增到允許清單，即可只讓特定網域傳送流量和事件資料給你。對於未加入允許清單且已安裝此像素的網域，你將停止接收其流量和事件資料。

輸入網域

搜尋或輸入網域（例如：sample.com）　　　　　　　繼續 ＞

網域流量排行榜 ❶

網域　　　　　　　　　　　　收到的事件　　　　　權限

metabusiness386.byethost5.com　　7,776　　　　　● 允許
　　　　　　　　　　　　　　上次收到時間：過去 1 小時內　　從許可清單移除

　　　　　　　　　　　　　　　　　　　　　　　　　關閉

▲ 點擊「關閉」

5. 課程目錄新增成功，點擊「確定」。

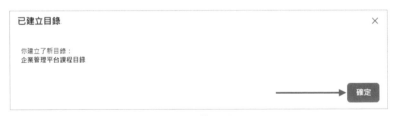

▲ 點擊「確定」

6. 但僅有目錄，目錄裡並沒有任何的商品，因此還需要將商品資料上傳。點擊左欄選單的「目錄」，選擇所要設定的目錄，點擊「新增項目」。

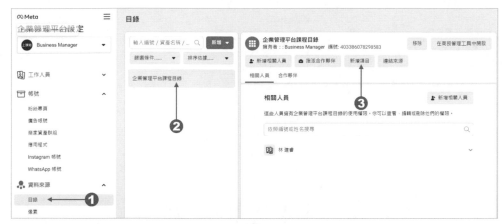

▲ 點擊「新增項目」

7. 這時頁面會跳轉至商務管理工具中,點擊「新增商品」,再選擇「新增多項商品」。

▲ 點擊「新增多項商品」

8. 新增商品的方式有 4 種:

- 手動:依照 Facebook 的欄位,一一填入資料,對於資料更新度小的商品可用這種方式上傳,。
- 資料摘要:排定更新時間,提供連結網址,設定排程,讓 Facebook 定時讀取商品資料。
- 合作夥伴平台:適合 WooCommerce、Shopify 等架站程式或開店平台,從網站中自動更新商品資料。
- 像素:使用 Meta 像素(Facebook 像素),讓網站自動更新商品,適合投放動態廣告時使用。

▲ 新增商品的方式

🎁 手動

1. 若商品數量小於 50 個，且不需要時常更新產品資料，則可以選擇「手動」，直接填入，所有商品資料必須依照 Facebook 的欄位來建立。

 選擇「手動」，點擊「繼續」。

▲ 選擇「手動」

2. 填入商品資料，商品圖像至少要 500 × 500 像素，在 8 MB 以內。

若要增添一筆新的資料，則點擊「＋新商品」。

將商品資料一一填入所對應的欄位後，再點擊「上傳商品」。

▲ 點擊「上傳商品」

3. 商品已成功新增，點擊「完成」。

▲ 點擊「完成」

🎁 資料摘要

1. 以資料摘要的方式，可以先在 Excel 或 Google 試算表中，將商品資料一一整理好，再予以上傳，批量匯入。試算表的檔案規格必須依照 Facebook 的格式來建立。

   選擇「資料摘要」，再點擊「繼續」。

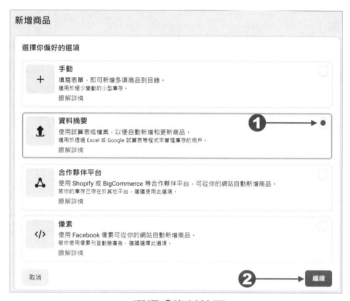
▲ 選擇「資料摘要」

2. 上傳檔案的方式有三種：

   - 檔案上傳：可使用 EXCEL 整理、編輯商品資料，再將檔案上傳。
   - 摘要排定更新時間：將檔案放在網站上，讓 Facebook 固定讀取。
   - Google 試算表：在 Google 試算表編輯商品資料，並將檔案匯入至 Facebook。

▲ 上傳檔案的方式

3. 不管使用哪一種上傳方式，都可以點擊「下載範本」，依照檔案的格式
將商品資料填入、整理。

▲ 下載範本

(1) 檔案上傳

1. 將範本下載之後，以 Excel 開啟，可以看到：

第一列：為填寫須知，每個欄位都有個別的說明與指示。

第二列：為欄位標頭，如商品 ID、標題、詳情說明 ... 等。

第三列：是商品的資料範例，填入公司的商品資料後，記得要將這一列
的範例資料刪除。

	A	B	C	D	E	F	G	H	I	J	K	L
1	#必填	商#必填	身#選填	A#選填	T#選填	T#必填	商#選填	1#必填	位#選填	商#選填	商#選填	商#選填
2	id	title	description	availability	condition	price	link	image_link	brand	google_pro	fb_produc	quantity
3	0	Blue Facet	A vibrant	in stock	new	10.00 USD	https://wv	https://wv	Facebook	Apparel &	Clothing &	75
4												

▲ 商品資料範例

2. 選擇「檔案上傳」，再點擊「繼續」。

▲ 選擇「檔案上傳」

3. 點擊「上傳檔案」，檔案支援 CSV、TSV 或 XML 等格式。

▲ 選擇「上傳檔案」

4. 檔案上傳成功,點擊「繼續」。

▲ 上傳成功

5. 為資料來源命名,並選擇幣別,再點擊「上傳」。

要注意的是:

(1) 所命名的名稱不要超過 26 個字元。

(2) 預設貨幣為美元,可改選擇新台幣。

▲ 命名資料來源

6. 上傳完畢後,會顯示商品數量。

▲ 顯示商品數量

7. 要注意有沒有產品遭拒,若是商品資料內容有錯誤,則需要更新內容後再重新上傳。

▲ 上傳結果顯示是否有錯誤

(2) 摘要排定更新時間

1. 選擇「摘要排定更新時間」時，需要提供商品資料的網址，讓 Facebook 讀取，這種上傳方式較適合投放動態廣告時使用。

   選定後，再點擊「繼續」。

▲ 選擇「摘要排定更新時間」

2. 輸入檔案位置的網址，檔案必須是 CSV、TSV 或 XML 格式，大小不能超過 8G，也支援 ftp、sftp 位置。

   接著，點擊「繼續」。

▲ 輸入檔案位置

3. 設定更新時間。

如果會頻繁地的更新商品資料時，那麼透過設置時間表，可以讓 Facebook 在指定的時間中，以每小時／每天／每週的頻率，檢查商品資料的更新。

在設定時間後，將「新增自動更新」開啟，再點擊「繼續」。

▲ 排定更新時間

4. 命名資料來源，並選擇幣別，點擊「上傳」。

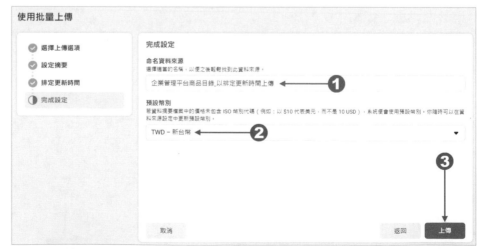

▲ 命名資料來源

5.　商品資料上傳成功，顯示商品數量。

資料來源
管理提供目錄中商品資訊的資料來源。瞭解詳情

所有資料來源 ＞ 　⬆ 依名稱搜尋 ▼

總覽　商品　設定

你的目錄中來自此資料摘要的商品：❶

8 ◀─────

下次上傳

🕐　取代排程：4月21日 20:31 GMT+08:00　　　　　　　　　　　　　　　立即上傳
　　檔案會每天重新上傳

　　摘要網址：
　　http://metabusiness386.byethost5.com/facebook_products.csv

上傳階段

🗄　開始時間　　　　　　　　　　　成果　　　　　　　　　　　　　　　　　　^
　　4月21日下午3:32 GMT+08:00　　8 items updated or added ⬤ ❶
　　手動上傳（網址）　　　　　　　0項商品因為錯誤而未更新或新增 ❶
　　http://metabusiness386.byethost5.c...　0項商品已刪除 ❶

▲ 顯示商品數量

(3) Google 試算表

1.　選擇「Google 試算表」的方式上傳商品資料，點擊「繼續」。

▲ 選擇「Google 試算表」

2. 要先前往 Google Sheets 將檔案建立好。

接著,點擊「繼續」。

▲ Google 試算表匯入檔案說明

3. Google 試算表中,建立一個新檔案,點擊「檔案」,再點擊「匯入」。

▲ 點擊「檔案 > 匯入」

4. 點擊「上傳」，選取要匯入的商品資料檔案。

　　檔案規格一樣要依照 Facebook 的範本格式來建立，以 CSV 的格式儲存，再匯入至 Google 試算表。

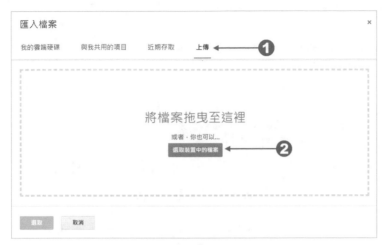

▲ 點擊「上傳」

5. 在「匯入位置」處，選擇「取代目前工作表」，而後點擊「匯入資料」。

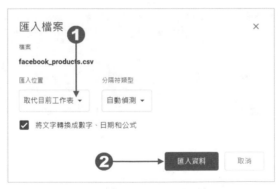

▲ 選擇「取代目前工作表」

6. 當商品資料匯入成功後，點擊「共用」。

▲ 點擊「共用」

7. 將存取權限變更為「知道連結的使用者」，點擊「複製連結」，再點擊「完成」。

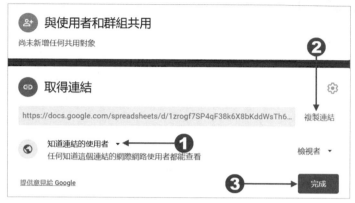

▲ 點擊「複製連結」

8. 將試算表網址貼入「輸入網址」欄位中，再點擊「繼續」。

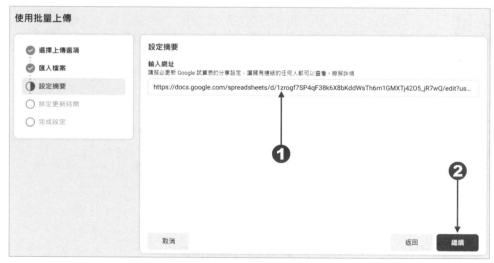

▲ 貼入「輸入網址」

9. 設定「排定更新時間」，也就是 Facebook 讀取 Google 試算表的時間，
   多久讀取一次。

   確定好時間後，點擊「繼續」。

▲ 設定「排定更新時間」

10. 為資料來源命名，並選定「幣別」，再點擊「上傳」。

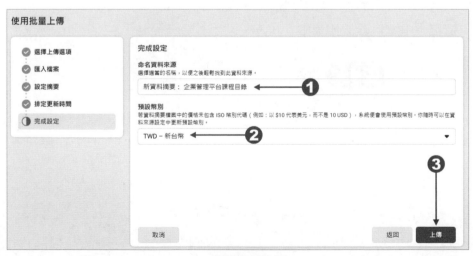

▲ 命名資料來源

11. 商品資料已上傳成功，顯示商品數量。

日後需要更新商品資料時，只要直接修改 Google 試算表檔案，並將讀取時間設定好即可。

▲ 商品資料上傳成功

方式二：申請目錄使用權限

1. 選擇「申請目錄使用權限」。

▲ 選擇「申請目錄使用權限」

2. 首次申請時，要先設定「選擇主要粉絲專頁」，選定好之後，再點擊「下一步」。

▲ 選擇主要粉絲專頁

3. 所顯示的號碼為本身的企業管理平台編號。並說明若要申請合作夥伴的目錄使用權限，需將這一組編號授與對方，

請他在目錄中，點擊「指派合作夥伴」，並輸入編號。

▲ 顯示企業管理平台編號

4. 假設已經將企業管理平台編號告知合作夥伴了，那麼在合作夥伴的企業管理平台上，他必須這樣設定：

合作夥伴的企業管理平台端

(1) 點擊左欄選單的「目錄」，選擇所要授與權限的目錄，再點擊「指派合作夥伴」。

▲ 點擊「指派合作夥伴」

(2) 點擊「企業管理平台編號」。

▲ 點擊「企業管理平台編號」

(3) 輸入「企業管理平台編號」的號碼，並授與工作權限，點擊「繼續」。

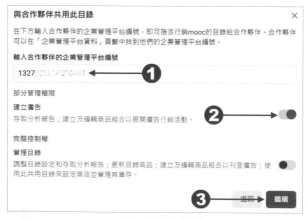

　　　　　　　　　　　　　　　▲ 授與工作權限

(4) 目錄已經新增完畢,點擊「完成」。

▲ 目錄新增完畢

🧊 自己的企業管理平台端

(5) 當合作夥伴已經授與目錄的使用權之後,可以看到在自己的企業管理平台中,已經出現該筆目錄的資料了。

▲ 出現目錄資料

(6) 點擊「新增相關人員」，指派內部員工作為負責該目錄的人員。

▲ 點擊「新增相關人員」

(7) 選擇相關人員姓名，再選擇管理權限，點擊「指派」。

▲ 點擊「指派」

(8) 用戶已經指派成功，點擊「完成」。

▲ 點擊「完成」

第十一章
衡量實體通路行銷效益
—— 離線事件組合

11-1　關於離線事件組合

一、什麼是離線事件？

一般在線上投放 Facebook 廣告時，藉由廣告像素，可以跟蹤曾經與網站互動的用戶，並對他進行再行銷，加強廣告的投放頻率，藉以提高轉化的成功率。

然而，有些企業或公司也擁有實體店面，那麼，有沒有辦法對實體通路的客戶，也進行追蹤、衡量與再行銷？

答案是肯定的！

例如，當企業要宣傳新產品，在 Facebook 進行廣告投放的行銷活動，那麼，可以藉由「離線事件」的追蹤與管理功能，上傳離線購買檔案（例如，上傳包含客戶姓名，聯繫資訊和購買日期等資料的 .csv 檔案 ），Facebook 可以將其和瀏覽或點擊廣告的用戶進行匹配，來追蹤哪些客戶因為 Facebook 廣告而轉化，進入實體商店完成購買的，也能知道 Facebook 廣告可以為實體商店帶來多少的來客率、銷售量，而衡量出該廣告系列是否成功。

二、什麼是離線事件組合？

「離線事件組合」就是依照不同的分類，將離線事件歸納在一起，如依照品牌、節慶、活動檔期…等。像是以週年慶的活動檔期為例，企業可以把在這段時間內消費的顧客資料、投放用的廣告帳號、行銷資產歸納成一個離線事件組合，而要是有雙 11、聖誕節…等不同檔期，則再各自建立與檔期相關的離線事件組合，以便追蹤與分析。

三、如何衡量離線事件帶來的行銷效益？

由於離線事件牽涉到線上廣告與線下實體通路的配合，因此在運作時，需要知道整體的執行流程與先後步驟順序，才能有效地衡量 Facebook 廣告可以為實體通路帶來多少的行銷效益。

▲ 離線事件的執行流程

11-2 建立離線事件組合

那麼,依據「離線事件的執行流程」,其設定步驟如下:

1. 點擊左欄選單的「離線事件組合」,再點擊「新增」

▲ 點擊「新增」

2. 第一次新增離線事件組合時，須先瀏覽「Meta 商業工具使用條款」，並點擊「接受」。

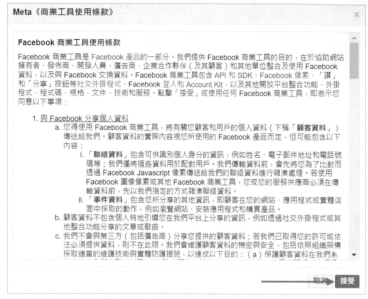

▲ 接受「Meta 商業工具使用條款」

3. 為離線事件組合的名稱命名，並填寫說明，而後點擊「建立」。

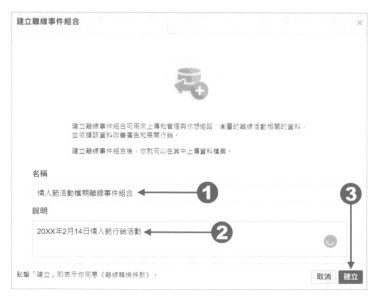

▲ 點擊「建立」

4. 指派廣告帳號，並開啟自動追蹤功能。

如果企業管理平台內，只有一個廣告帳號，則會自動指派，若有多個廣告帳號，就需要選定廣告帳號。

選定廣告帳號後，點擊「繼續」。

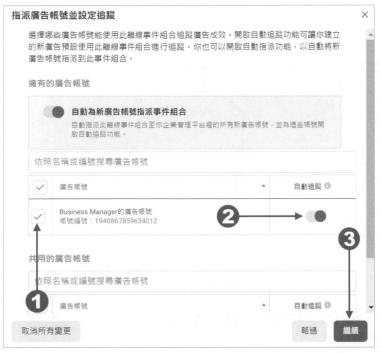

▲ 指派廣告帳號

5. 指派廣告帳號成功，並已儲存變更，點擊「確定」。

▲ 點擊「確定」

6. 在新增相關人員和設定權限中，選擇成員，再分配工作權限，而後點擊「指派」。

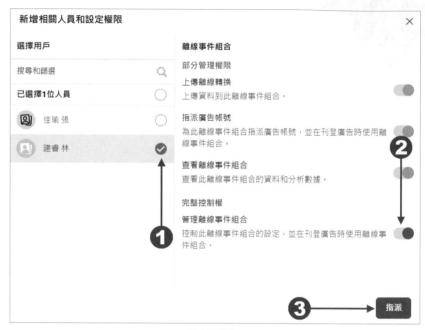

▲ 點擊「指派」

7. 離線事件組合新增成功，點擊「完成」。

▲ 點擊「完成」

8. 離線事件組合建立之後，並沒有包含任何資料，所以還需要上傳離線事件的資料紀錄檔案。

   點擊「在事件管理工具中開啟」。

▲ 點擊「在事件管理工具中開啟」

9. 進入事件管理工具，點擊「上傳事件」。

▲ 點擊「上傳事件」

10. 需要上傳離線事件檔案，所上傳的檔案資料，都會與 Facebook 廣告資料進行匹配，以查看這些人是否曾在過去查看或點擊過所投放的廣告。

    若不知道離線事件上傳檔案所需的規格，可以先點擊「下載 CSV 檔案範例」來參考。

▲ 點擊「下載 CSV 檔案範例」

✓ 重點指引

離線事件檔案需要提供哪些資料呢？

通常若是將顧客購買商品視為轉換成功的話，那麼檔案裡面就需要包含顧客姓名、手機、電話、EMAIL、購買時間、金額…等，依照 Facebook 所提供的範本欄位，資料愈詳細愈好。

因為提供的資料愈詳細，Facebook 就愈能針對資料進行比對追蹤，所得出的離線轉換數據就會更為精準。

11. 這是範本中所提供的欄位資料。

email	phone	phone	phone	madid	fn	ln	zip	ct	st	countr	dob	doby	gen	age	event_name	event_time	value
eolsen@f	1-(650)-5	1-(650)-7	1-(650)-8	aece52e7-	Elizabeth	Olsen	94046	Menlo F	CA	US	10/21/68	1968	F	48	Purchase	2022-04-20T18:28:00Z	15
ajamison	1-(212) 7	1-(212) 7	1-(212) 1	BEBE52E	Andrew	Jamison	10118	New Yc	NY	US	10/17/78	1978	M	38	Purchase	2022-04-20T18:29:00Z	15
mjohnson	1-(323) 85	1-(323) 5	1-(323) 5	adbe52e7-	Margaret	Johnson	90001-465	Los An	CA	US	11/21/82	1982	F	33	Purchase	2022-04-20T18:30:00Z	15
jdoe@fb.c	1-(312) 44	1-(312) 55	1-(312) 32	AEBE52E	John	Doe	60603	Chicago	IL	US	9/1/78	1978	M	38	Purchase	2022-04-20T18:30:00Z	15
msmith@	+44 303 1	+44 871 6	+44 844 4	AEBD52E	Mark	Smith	SW1A 1A	London	GB	12/10/78	1978	M	38	Purchase	2022-04-20T18:29:00Z	10
jmclaughl	+44 20 72	+44 844 4	+44 343 2	aece52e7-	James	McLaughl	SW1A 1A	London	GB	10/21/56	1978	M	50	Purchase	2022-04-20T18:30:00Z	10
palessand	+55 21 39	+55 11 30	+55 11 31	acbe52e7-	Paulo	Alessandr	01310-20C	Sao Paulo	BR	12/21/78	1976	M	40	Purchase	2022-04-20T18:29:00Z	10
mlaurent@	+33 892 7	+33 3 153	+33 3 153	AFCE52E	Marie	Laurent	75007	Paris	FR	10/10/65	1978	F	51	Purchase	2022-04-20T18:29:00Z	10
tdubois@	+33 892 7	+33 1 49 5	+33 1 42 5	AEBE52E	Thomas	Dubois	75007	Paris	FR	11/19/72	1978	M	44	Purchase	2022-04-20T18:30:00Z	10
eolsen@f	1-(650)-5	1-(650)-7	1-(650)-8	aece52e7-	Elizabeth	Olsen	94046	Menlo F	CA	US	10/21/68	1968	F	48	Purchase	2022-04-20T18:28:00Z	15

▲ 範本資料

其中，事件名稱（event_name）的欄位，可以填入的值有：

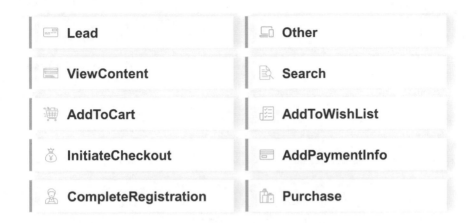

Lead	Other
ViewContent	Search
AddToCart	AddToWishList
InitiateCheckout	AddPaymentInfo
CompleteRegistration	Purchase

▲ 事件欄位值

以上的欄位值都有英文字母大小寫的分別。

12. 點擊「選擇 CSV 檔案」，或將檔案直接拖拉至此區塊中。

▲ 點擊「選擇 CSV 檔案」

13. 上傳檔案後，點擊「下一步：對應資料」。

▲ 點擊「下一步：對應資料」

14. Facebook 會將所上傳的檔案資料與欄位進行對應，若發現有需要修改的部分，會以黃色警告標示來顯示，如圖中的「事件詳情」。若沒有任何問題，則以藍色標示來顯示，如「顧客詳細資料」、「事件時間」。

▲ 對應檔案資料與欄位

15. 對於需要修正的欄位，點擊「選擇」，指定符合的項目，如：事件詳情。

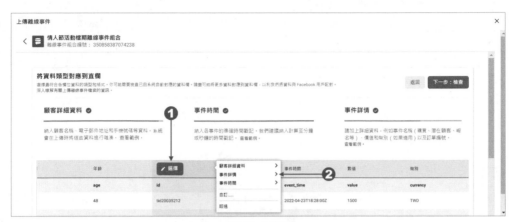

▲ 點擊「選擇」

16. 在事件詳情中，繼續選擇符合該欄位資料的子項目，如：訂單編號。

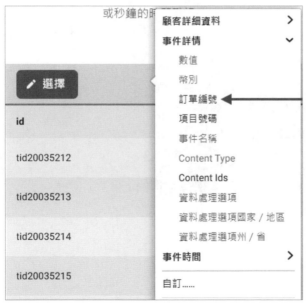

▲ 選擇子項目

17. 當檔案資料與對應欄位皆修正完畢之後，便會顯示藍色標示，再點擊「下一步：檢查」。

▲ 點擊「下一步：檢查」

18. 針對檔案資料進行檢查，並顯示檢查結果。

若結果有問題產生，則需要返回再次修正。若檢查結果正確無誤的話，則可點擊「開始上傳」。

▲ 點擊「開始上傳」

19. 上傳完成，Facebook 會顯示檔案上傳的記錄數量，當然，資料愈完整，比對成功機率愈大。

▲ 顯示上傳結果

當廣告開始投放後，需在 90 天內將資料上傳，若沒有在 90 天內上傳檔案的話，Facebook 會自動將上傳的期限縮短為 35 天，直到 35 天內上傳資料為止，才會再重設為以 90 天計算。

20. 上傳完離線事件檔案後，就可以到「廣告管理員」的管理介面中，點擊「直欄」，再點擊「離線轉換」，就能瀏覽 Facebook 比對後的數據資料，知道 Facebook 廣告為實體通路帶來了多少的行銷效益了。

▲ 點擊「離線轉換」

第十二章
跟蹤用戶和優化廣告
—— 自訂轉換

12-1 關於自訂轉換

一、什麼是自訂轉換？

在網站上安裝完 Meta 像素之後，接下來最重要步驟是建立自訂轉換。

自訂轉換可以讓我們跟蹤和優化特定網頁上的操作。

如果要投放具有網站轉化目標的廣告系列時，自訂轉換就非常適合，因為它可以跟蹤特定用戶在特定網頁上轉換時的情況。

這樣一來，Facebook 廣告就可以透過系統學習並加以優化，將廣告投放給最有可能完成網站上完成特定操作的用戶。

二、什麼時候該使用自訂轉換？

所運行的廣告，若是需要消費者填寫個人資料、EMAIL，或完成特定的條件才能獲得服務的話，那麼對潛在客戶投放廣告，可能會更有效。

這是因為自訂轉換對於跟蹤銷售管道中的獨特事件特別有效用。

例如，如果要提供貸款再融資，可能就會希望根據低信用評分用戶進行資格認證，因此，當用戶在獲得其信用評分後，針對這些用戶再投放廣告，而用戶再連結至登陸頁，那麼這時候，就可建立自訂轉換事件以進行優化。

三、自訂轉換有什麼效益？

1. 可以衡量投資報酬率

   透過轉化與追蹤，可以查看轉化的次數，無論是轉化事件是設定為註冊、銷售、表單完成…等情況，都可以藉由轉化數據來衡量效益。

2. 衡量 A/B 測試的表現，從而不斷提高廣告系列的效果。

   如果不知道是由哪些廣告推動了轉化率，那麼，要如何決定廣告預算要分配在哪些廣告系列上？透過自訂轉換，就可以更準確地瞭解是由哪些廣告帶來轉化率。

3. 讓 Facebook 優化演算法，以獲得更好的結果。

Facebook 的演算法可以根據自訂轉換不斷調整、優化，並向可能轉化的用
戶展示廣告。如果沒有建立自訂轉換，那麼就等於錯過了這項優化功能。

12-2 建立自訂轉換

1. 點擊左欄選單的「自訂轉換」，再點擊「新增」。

▲ 點擊「新增」

2. 自訂轉換有兩種建立方式：

- 新增自訂轉換：在建立企業管理平台之前，就已經建立了自訂轉換，
  以此種方式新增，將自訂轉換的擁有權歸屬於企業管理平台底下。

- 建立新的自訂轉換：建立全新的自訂轉換，擁有權也自動歸屬於企業
  管理平台裡。

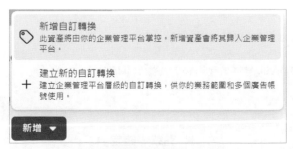

▲ 自訂轉換的兩種建立方式

方式一：新增自訂轉換

1. 如果之前有建立過自訂轉換，那麼可以選擇「新增自訂轉換」。

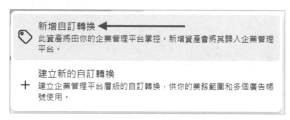

▲ 新增自訂轉換

2. 輸入自訂轉換的編號，點擊「新增自訂轉換」。

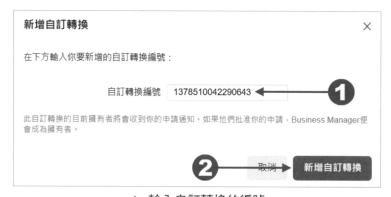

▲ 輸入自訂轉換的編號

3. 若本身也是自訂轉換的管理員，Facebook 會自動批准申請，點擊「確定」。

   若擁有者為其他人，則需等待該擁有者的批准申請後，才能歸屬至企業管理平台之中。

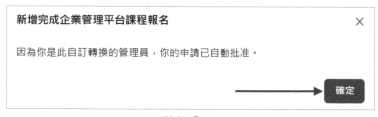

▲ 點擊「確定」

方式二：建立新的自訂轉換

1.另一個新增的方式是「建立新的自訂轉換」，也就是從頭開始設定與建立，
並歸屬於企業管理平台之下。

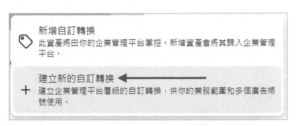

▲ 建立新的自訂轉換

2. 填入自訂轉換各項欄位資料：

▲ 填入自訂轉換資料

(1) 名稱：輸入自訂轉換的名稱，名稱長度不可超過 50 個字元。

(2) 說明：對自訂轉換加入簡要的說明，屬於選填欄位，內容長度不可超過 100 個字元。

(3) 資料來源：選擇要使用哪一個 Meta 像素作為資料來源。

(4) EVENT：若要配合 Facebook 的最佳化標準事件，則要選擇「所有網址流量」，以所有網站的訪客作為追蹤對象。

(5) 選擇要用於最佳化的標準事件：

選擇符合自訂轉換的標準事件類別，在 Facebook 的預設類別中，一共有 19 項標準事件。

Facebook 會針對不同的類別，向最有可能採取轉換動作的用戶進行廣告投放。

🛍 購買 ▼

- ⓕ **Facebook 所選類別（建議）**
  Facebook 會為你的自訂轉換選擇最合適的類別並積極管理類別。

- 🛒 **加到購物車**
  將商品加到購物車或購物籃（例如：在網站上點擊「加到購物車」按鈕）。

- 🔖 **加到願望清單**
  將商品加到願望清單（例如：在網站上點擊「加到願望清單」按鈕）。

- 🗐 **完成註冊**
  顧客提交資料，交換由你商家所提供的服務（例如訂閱電子郵件）。

- ⊚ **尋找分店地點**
  當用戶透過網站或應用程式尋找你的分店地點且有意前往（例如：搜尋商品並在你的本地商店尋找）。

- ⊟ **捐款**
  捐款支持你的組織或慈善理念。

- ⊞ **排程**
  預約前往你其中一個分店地點。

- ✍ **提交申請**
  提交申請你提供的商品、服務或計畫（例如信用卡、教育計畫或工作機會）。

- 🔍 **搜尋**
  用戶在你網站、應用程式或其他資產上執行了搜尋（例如商品搜尋、旅遊行程搜尋）。

- ▭ **新增付款資料**
  在結帳程序新增顧客付款資料。

- ▣ **潛在顧客**
  顧客提交資料，且瞭解你的商家可能會在日後與他們聯絡。

- 👁 **瀏覽內容**
  瀏覽你重視的內容頁面，例如產品頁面、連結頁面或文章。瀏覽頁面的相關資料能傳送到 Facebook 並用於動態廣告中。

- 💬 **聯絡**
  顧客透過電話／簡訊、電子郵件、聊天室或其他聯絡方式與你的商家聯絡。

- ✏ **自訂商品**
  透過你商家擁有的設定工具或其他應用程式來自訂商品。

- 🔊 **訂閱**
  用戶開始付費訂閱你提供的商品或服務。

- 🛍 **購買**
  完成購買，通常會以收到訂單／購買確認或交易收據作為判斷依據。

- 🧺 **開始結帳**
  開始結帳程序。

- ◎ **開始試用**
  開始免費試用你提供的商品或服務（例如試用訂閱）。

- 🏷 **其他**

▲ 19 項最佳化的標準事件

(6) 規則：

使用網址或事件參數來設定規則，符合規則的網址或事件即觸發轉換。
可以選擇符合以下條件的規則：

- URL：使用網址關鍵字，關鍵字需符合以下條件：

  (a) 包含：網址中包含的特定關鍵字，如：/cart

  (b) 不包含：網址中不包含的特定關鍵字，如：/product

  (c) 等於：需一比一完全符合網址，如：www.eplay.com.tw/cart/

  （不需要填寫 http：// 或 https：//）

- Referring Domain：反向鏈接的來源網址所符合的規則，篩選條件的
  設定方式與 URL 相同。

(7) 輸入轉換值：轉換成功後的現金價值，用於計算投資報酬率。

另外，如果 Facebook 的標準事件不符合需求，也可以使用自訂事件，來
追蹤自己自定義的事件。

但自訂事件需要在網站中加入 Meta 像素程式碼才能調用，例如：想要
追蹤分享折價券活動以獲得優惠的網站訪問者，就需要在網站的原始碼
中，另外再加入這樣的程式碼：

```
fbq ( 'trackCustom' , 'ShareDiscount' , { Promotion : 'share_discount_10%' });
```

亦或者，若是使用 WordPress 來架設網站的話，也可以安裝外掛程式來設定
自訂事件，如：使用 PixelYourSite 來設定自訂事件。

（註：此設定的說明，僅為舉例使用，詳細設定需視 WordPress 所安裝的外掛而定）

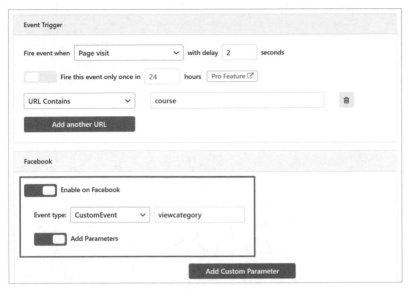

▲ 使用 WordPress 外掛程式：PixelYourSite 設定自訂事件

當網站埋入或設定好自訂事件的程式碼之後，需再至 Facebook 建立自訂轉換，並選擇與自訂事件相符合的設定。

● Event：選擇自訂事件，選項中會出現由自己所定義的自訂事件名稱。

▲ 選擇自己所定義的自訂事件

• 選擇要用於最佳化的標準事件：選擇「Facebook 所選類別」，也就
  是由 Facebook 根據自訂轉換選擇最適合的類別。

▲ 選擇「Facebook 所選類別」

• 規則：選擇「Event Parameters」，也就是事件參數，如：篩選瀏覽過
  某一類別內容的用戶

▲ 設定規則的事件參數

⊘ 重點指引

在自訂轉換的「規則」設定中，如何判斷該使用「Url」或「Event Parameters」？

何時該使用『Url』設定？

- 需要跟蹤的轉換事件少於20個。
- 有獨立的訂單確認頁，且購買的金額是固定的。
- 希望用最簡單的方法設定自訂轉換。

▲ 何時該使用「Url」設定？

何時該使用「Event Parameters」設定？

何時該使用『Event Parameters』設定？

- 需要跟蹤超過20個的轉換事件。
- 使用的是動態結帳系統，並希望跟蹤轉化價值。
- 希望傳遞其他參數，以便進行進階的自訂受眾。
- 可自行埋入自定義像素程式碼，或有外掛支援。

▲ 何時該使用「Event Parameters」來設定？

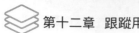

3. 自訂轉換建立成功，點擊「完成」。

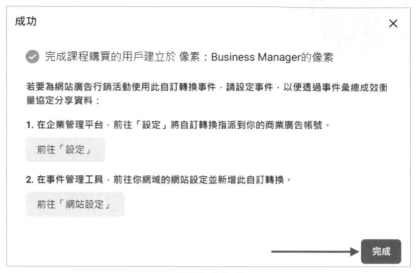

▲ 點擊「完成」

4. 自訂轉換建立完成後還需指派與之連結的廣告帳號，點擊「新增資產」。

▲ 點擊「新增資產」

5. 資產類型選擇「廣告帳號」，並指派要連結的廣告帳號，再點擊「新增」。

▲ 選擇廣告帳號

6. 廣告帳號連結成功,已納入自訂轉換的資產中,點擊「完成」。

▲ 點擊「完成」

第十三章
顧客價值精準投入
—— 共用廣告受眾

13-1 建立廣告受眾

一、什麼是廣告受眾？

廣告受眾就是企業投放廣告時，所要觸及的對象。Facebook 的廣告受眾除了可以用地區、興趣、年齡、人口統計資料 ... 等不同條件區分以外，還可以讓企業自訂廣告受眾，依照已有的顧客資料，或是與 Facebook 的互動、訪問網站的用戶等不同的方式，比對 Facebook 的用戶群，找出具有一定數量且更精準的廣告受眾。

二、從「網站」建立自訂廣告受眾

1. 點擊「所有工具」，在選單中選擇「廣告受眾」。

▲ 選擇「廣告受眾」

2. 點擊「建立自訂廣告受眾」。

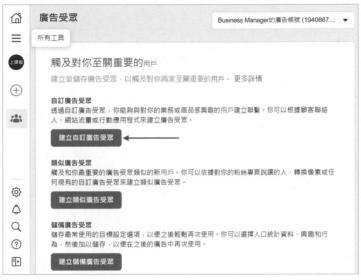

▲ 點擊「建立自訂廣告受眾」

3. 自訂受眾分為兩大類來源：

- 你的來源：也就是受眾的來源是自己提供的，從網站、應用程式、上傳顧客名單、和從離線管道或實體店面、目錄而來的。
- Meta Sources：受眾來源是從 Facebook 而來的，包括影片、名單型廣告、粉絲頁、商店購物、Instagram 帳號 ... 等，一共有 8 種來源。

▲ 自訂受眾有兩大類來源

ok

而想要對造訪過網站的訪客進行再行銷廣告的話，可以在「你的來源」區塊中，點擊「網站」，再點擊「繼續」。

▲ 點擊「網站」

4. 「來源」選擇安裝在網站的像素名稱，「事件」可選擇「所有網站的訪客」，只要是到訪客網站的用戶，都會被 Meta 像素紀錄。

而「續看率」則是要保留多少天內的訪客，一般是以 30 天為預設值，也就是 30 天內到訪過網站任何一個頁面的用戶，都會被納入其中。

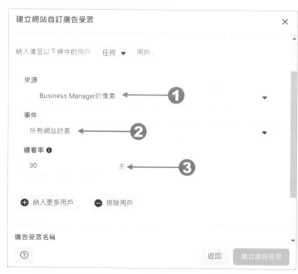

▲ 設定「來源」、「事件」、「續看率」

5. 為廣告受眾命名,名稱限定在 50 字元以內。另外,受眾的「說明」可以進一步填寫或是保留空白,而後點擊「建立廣告受眾」。

▲ 為廣告受眾命名

6. 所建立的網站受眾,都會顯示廣告受眾的列表中。

▲ 列表顯示廣告受眾

三、從「顧客名單」建立自訂廣告受眾

1. 在「你的來源」區塊中,點擊「顧客名單」,再點擊「繼續」。

▲ 點擊「顧客名單」

2. 在上傳顧客名單前，先點擊「下載檔案範本」，依據 Facebook 的格式建立顧客名單檔案，而後再點擊「繼續」。

▲ 下載檔案範本，點擊「繼續」

顧客名單檔案需依照 Facebook 的格式來建立識別資料，資料愈齊全，所能比對出的廣告受眾就愈準確、愈多。

顧客名單檔案可使用 Excel 或 Google 試算表整理，支援中文，不必再轉成 UTF-8 編碼，但須儲存成 .csv 或 .txt 格式。

email	email	email	phone	phone	phone	madid	fn	ln	zip	ct	st	country	dob	doby	gen
elizabetho	olsene@f	t.eolsen@fb.com	1-(650)-561-562	1-(650)-782-5622	1-(650)-8	aece52e7-03ee-4	Elizabeth	Olsen	94046	Menlo Par	CA	US	10/21/68	1968	F
andrewj@	jamisona	a.jamison@fb.cor	1-(212) 736-310	1-(212) 523-3100	1-(212) 1	BEBE52E7-03EE	Andrew	Jamison	10118	New York	NY	US	10/17/78	1978	M
margaretj	johnsonm	m.johnson@fb.cor	1-(323) 857-600	1-(323) 617-6000	1-(323) 5	adbe52e7-03ee-4	Margaret	Johnson	90001-465	Los Angel	CA	US	11/21/82	1982	F
johnd@fb	doe.j@fb.c	jdoe@fb.com	1-(312) 443-360	1-(312) 555-3600	1-(312) 3	aebe52e7-03ee-4	John	Doe	60603	Chicago	IL	US	9/1/78	1978	M
marks@ft	smithmark	msmith@fb.com	+44 303 123 73C	+44 871 663 1678	+44 844 4	AEBD52E7-03EI	Mark	Smith	SW1A 1A	London		GB	12/10/78	1978	M
jamesm@	mclaughlii	jmclaughlin@fb.c	+44 20 7219 427	+44 844 482 5138	+44 343 2	aece52e7-03ee-4	James	McLaughlir	SW1A 1A	London		GB	10/21/56	1978	M
paulou@f	alessandrc	palessandro@fb.c	+55 21 3938-69(	+55 11 3091-3116	+55 11 31	ACBE52E7-03EI	Paulo	Alessandro	01310-200	Sao Paulo		BR	12/21/78	1976	M
mariel@fl	laurentm	mlaurent@fb.com	+33 892 70 12 3	+33 1 53 09 82 82	+33 1 40 7	AFCE52E7-03EE	Marie	Laurent	75007	Paris		FR	10/10/65	1978	F
thomasd@	duboist@f	t.dubois@fb.com	+33 892 70 12 3	+33 1 49 52 42 63	+33 1 42 5	aebe52e7-03ee-4	Thomas	Dubois	75007	Paris		FR	11/19/72	1978	M

▲ 顧客名單格式範例

✅ 重點指引

原本廣告受眾可以結合 MailChimp，透過從「從 MailChimp 匯入」的方式建立，但目前 Facebook 雖有保留連結，但已移除該功能，已經不能再從 MailChimp 匯入客戶郵件地址來建立廣告受眾了。

3. 在「選擇名單類型」中，點擊「是：我的顧客名單包括顧客價值」，再點擊「繼續」。

建議在整理顧客名單檔案時，要再依據顧客的消費金額與頻率，為顧客分級，針對不同層級的客戶群，進行五級行銷。

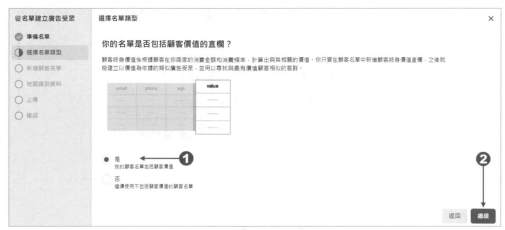

▲ 點擊「是：我的顧客名單包括顧客價值」

✓ **重點指引**

「五級行銷」是美國的行銷大師 —— 艾利奧特‧艾頓伯格 (Elliott Ettenberg) 在「下一個經濟盛世」一書中所提出的，也就是對顧客進行分級，找出顧客價值，有助於企業將行銷資源投入於核心顧客，為企業創造更高的利潤報酬。

核心顧客特性

01	無論購買高利潤與低利潤商品，他都會考量品牌形象。
02	不管商品有沒有進行促銷特價，他都會購買。
03	對於您所推出的各項商品，他會固定並持續使用。
04	經常和親朋好友分享您的商品。
05	若商品或服務有疏失，會選擇原諒。
06	與品牌、經銷商店、銷售人員熟識。
07	除非對顧客關係有所濫用，否則他不會轉換品牌。

VS.

非核心顧客特性

01	只有在商品進行特價促銷時，他才會購買。
02	經常將購買後的商品辦理退貨。
03	每年消費的頻率很低，只有1、2次。
04	會向親朋好友抱怨商品的缺失。
05	對他來說，您的商品只是滿足他的某種需要而已。
06	就算努力維持顧客關係，他也不會有品牌忠誠度。
07	為了能省下1塊錢，他會毫不猶豫地轉換品牌。

▲ 核心顧客與非核心顧客的特性

一、該怎麼對顧客進行分級呢？

首先，企業必須要依據一年的顧客數據資料，其中的數據要包含：會員消費數據，包括整年度的購買金額、購買頻率，這樣才能知道顧客一年消費幾次，以及消費總金額。舉例來說，有的顧客可能一年只消費一次，消費總金額也低，那麼他的顧客價值等級就不夠高；如果某位顧客一年消費數十次，一整年度消費總金額又高，那麼他就具備高度的顧客價值。

因此以公司一整年度所有會員的消費數據為基礎，依照每個會員消費的總金額，再參照購買頻率來加權，兩者所產生的數值來排序後，再區分成五個級別，數值愈高的，顧客價值等級是 Q1，數值愈低的，顧客價值等級是 Q5。

將顧客價值區分為5個等級。

▲ 顧客價值等級區分

二、行銷資源要依照顧客價值精準投入

在五級行銷的概念中，創造獲利度最低的是 Q5 等級，獲利度最高的是 Q1 等級，而 Q3 等級則是在臨界值，獲利與成本持平，也就是說，要將行銷資源投入到 Q1、Q2 的等級的顧客，最多也只到 Q3 等級為止，才是精準的投入。但若是將行銷資源投入到 Q4、Q5 等級的話，則是屬於無效投入。

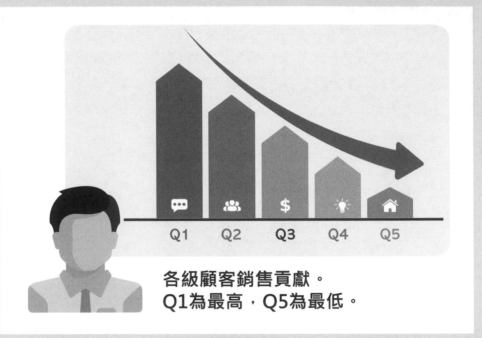

各級顧客銷售貢獻。
Q1為最高，Q5為最低。

▲ 顧客銷售貢獻

然而，一般的企業過去都是把行銷資源投入在 Q4 和 Q5 等級中，或是根本沒有加以區分等級，就一味地投入行銷資源，這樣等同於行銷資源的浪費，應該要將行銷資源花在 Q1、Q2、Q3，包括進行促銷活動也是一樣，最多到 Q3 等級為止，讓具有高價值的顧客多消費幾次，才能帶來獲利。

4. 點擊「Upload a List」，開始上傳顧客名單的檔案，檔案格式為 .csv 或 .txt，上傳完畢後，再為廣告受眾命名。上傳的資料欄位可包含電子郵件、電話號碼、名字…等。

   而若使用「Paste Comma-Separated Values」方式，每次上傳的資料必須只包含一種資料類型，可用半型逗號來做區隔。

▲ 上傳顧客名單檔案

5. 上傳完顧客名單檔案後，在「選擇顧客價值直欄」，為顧客價值選擇對應的欄位，並為廣告受眾命名，而後再點擊「繼續」

▲ 選擇顧客價值直欄

6. 為顧客資料選擇各個相對應的欄位，若直欄欄位與資料對應無誤，會以綠色顯示。若出現黃色警示標誌，則代表有欄位需要修正。

對應欄位調整完畢後，點擊「匯入並建立」。

▲ 調整對應欄位

7. 檔案經過雜湊處理，並上傳完畢，點擊「完成」。

▲ 檔案上傳完畢

13-2 拓展廣告受眾

一、建立類似廣告受眾

不管是已到訪過網站、粉絲頁的用戶來建立廣告受眾，或是以顧客名單來建立廣告受眾，若是想要進一步拓展廣告受眾的範圍，找出具有相似特性的新用戶，那麼都可以建立「類似廣告受眾」，從既有客群中找出新的客群。

1. 在廣告受眾設定後台中，選擇所要拓展的廣告受眾名單。

▲ 勾選廣告受眾

2. 點擊「…」選單，再點擊「建立類似廣告受眾」。

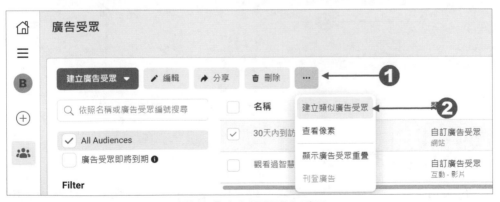
▲ 點擊「建立類似廣告受眾」

3. 需要設定類似廣告受眾的來源、地點與規模：

- 「選擇廣告受眾來源」：是以所勾選的受眾名單為基礎，來找出與原受眾性質相近的新受眾。

- 「選擇廣告受眾地點」：則是以區域或國家為單位，無法以城市為單位。

- 「選擇廣告受眾規模」：是要找出與原受眾相符的新受眾，要拓展的規模。數值愈大，雖然數量會愈多，但精準度也會隨之降低，這一點是在設定數值時，所要考慮的地方。

設定完之後，點擊「建立廣告受眾」。

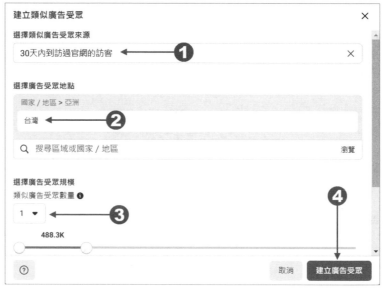

▲ 設定「類似廣告受眾」來源、地點與規模

二、建立特殊廣告受眾

1. 在廣告受眾設定後台中，點擊「建立廣告受眾」，再點擊「特殊廣告受眾」。

▲ 點擊「特殊廣告受眾」

2. 這是針對特殊廣告所設定的廣告受眾類別,適用於信貸、就業和住房廣告,一般廣告不適用。而拓展新用戶的範圍,是以找出最有價值的客群為基準。

瞭解受眾的適用範圍後,點擊「繼續」。

▲ 點擊「繼續」

3. 特殊廣告受眾設定的方式與「類似廣告受眾」一樣。

- 「選擇來源」：可以從粉絲專頁或自訂廣告名單中作為資料來源。
- 「選擇廣告受眾地點」：以國家或地區為單位，無法使用城市為單位，例如只能選擇「台灣」，而無法再細分成「台北市」、「新北市」。
- 「選擇廣告受眾規模」：以所選地區的 1% ～ 10% 為範圍，數值愈小，拓展的新用戶愈精準，但數量規模會比較少。

設定好之後，再點擊「建立廣告受眾」。

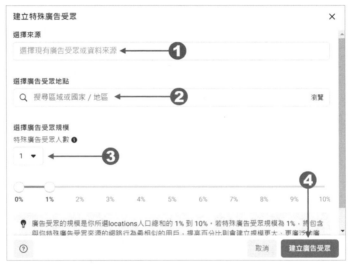

▲ 設定「特殊廣告受眾」

三、建立儲備廣告受眾

1. 在廣告受眾設定後台中，點擊「建立廣告受眾」，再點擊「儲備廣告受眾」。

▲ 點擊「儲備廣告受眾」

2. 儲備廣告受眾是將最常使用的受眾條件儲存起來，作為日後投放廣告時可以直接使用，不用再重新選定。

在設定時，可以使用「自訂廣告受眾」作為受眾來源。

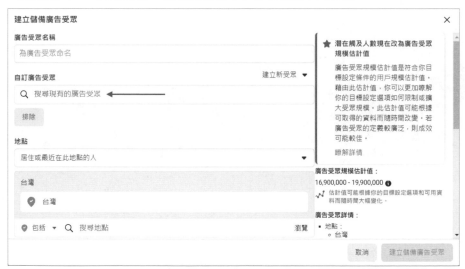

▲ 「自訂廣告受眾」為儲備來源

也可以使用 Facebook 的條件來篩選客群，根據地點、年齡、性別、語言、興趣、人口統計資料、詳細目標設定、關係鏈…等，來進行設定。

▲ 以 Facebook 的設定條件來篩選

3. 各項條件完成後，點擊「建立儲備廣告受眾」。

▲ 點擊「建立儲備廣告受眾」

13-18

13-3 共用廣告受眾

一、廣告受眾可以分享嗎？

如果合作夥伴想向我方的網站訪客投放廣告，而我也想向他公司的網站訪客投放廣告，有沒有辦法做到？

可以的！如果兩家公司是相互信任的好夥伴，就可以利用「共用廣告受眾」的功能，來彼此分享廣告受眾。

「共用廣告受眾」可以讓你和其他公司在不同廣告帳號之間，分享顧客檔案、網站流量等自訂廣告受眾。

而要使用這項功能，前提是：

● 兩家公司都要使用企業管理平台。
● 必須由企業管理平台的管理員設定，才有權限執行操作。

二、要如何進行廣告受眾的分享呢？

1. 在廣告受眾管理介面中，勾選想要分享的受眾群體，點擊「分享」。

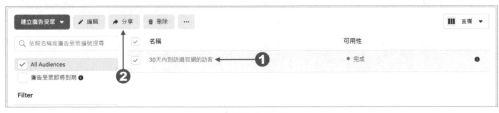

▲ 點擊「分享」

2. 輸入想要分享的廣告帳戶編號或廣告名稱。

不論是同一企業管理平台裡的廣告帳號，或是不同企業管理平台的廣告帳號，都可以進行分享。

▲ 輸入想要分享的廣告帳戶編號

3. 調整「權限」的許可權,可以決定是否希望對方擁有「目標設定和洞察報告」或僅擁有「僅限目標設定」的權限。

而後點擊「分享」。

▲ 設定權限

4. 在合作夥伴的企業管理平台中,點擊「共用廣告受眾」,就會出現剛剛所分享的廣告受眾。

▲ 合作夥伴的企業管理平台顯示的廣告受眾

三、為什麼要共用廣告受眾？

如果和合作夥伴之間，彼此都有建立過廣告受眾，且帶來不錯的成效，那麼基於互利互助的前提下，分享廣告受眾，對性質相近的受眾進行廣告投放，可以讓投放的效益更好。

與合作夥伴共用廣告受眾，也可以重新審視自身企業的受眾定位，是否是之前不曾接觸過的。

四、共用廣告受眾需謹慎為之

水能載舟，亦能覆舟。

也可能會遇到一些廣告代理商，他們在同一行業中有兩個客戶，一個擁有大量網路流量的成熟受眾，可以帶來成效。第二個客戶什麼都沒有，為了要達到效果，就會使用第一個客戶的廣告受眾，來為第二個客戶投放廣告。

所以，就必需要思考以下幾個問題…

問題一：第三方企業能再將共用廣告受眾分享出去？

當 A 公司將廣告受眾分享給 B 公司後，那麼 B 公司可以再將廣告受眾分享給 C 公司嗎？

也就是說，當你的公司將廣告受眾分享給廣告代理商後，那麼廣告代理商能將共用的廣告受眾，再分享給他旗下的其他客戶嗎？

答案是不行的，被分享出去的廣告受眾，在合作夥伴的平台上，「分享」的選項是呈現灰色狀態，所以他不能再分享給其他企業使用。

▲ 合作夥伴的廣告受眾「分享」狀態

共用廣告受眾的限制

1. 合作夥伴沒有辦法使用它建立類似廣告受眾。

2. 當廣告受眾的擁有者刪除所分享的廣告受眾後，被分享的合作夥伴，如果使用該共用廣告受眾投放廣告的話，那麼廣告就會停止刊登，得要重新選擇廣告受眾才行進行。

3. 分享的廣告受眾，早期是無法取消分享共用的，但目前擁有者已經可取消分享，或是刪除該廣告受眾資料了。

4. 「儲備廣告受眾」是無法分享的。

⊘ 重點指引

共用廣告受眾如何取消分享？

1. 在廣告受眾清單中，點擊列表的最後一項：「與 n 個廣告帳號共享」。

▲ 與 n 個廣告帳號共享

2. 點擊刪除符號，就能停止共用權限。

▲ 點擊刪除符號

3. 點擊「更新」，儲存設定。

▲ 點擊「更新」

問題二：從廣告像素建立的自訂廣告受眾，可以再分享第三方嗎？

但是，廣告代理商有沒有辦法將到過 A 公司網站的訪客，或購買商品的用戶的廣告受眾，再分享給 C 公司或 D 公司？

註：並非所有的廣告代理商會如此行之，以上所提事件為少數案例。僅提供企業在挑選廣告代理商時，作為一個評估與思考的方向。

是的！這是有辦法做到的！

某廣告代理商被 A 公司委託管理該公司的 Meta 像素，並賦予權限。

▲ A 公司將像素權限委派給某廣告代理商管理

某廣告代理商可以利用 A 公司的像素來建立「網站自訂廣告受眾」，而該廣告受眾的擁有權也是屬於該廣告代理商所有。

▲ 某廣告代理商可使用 A 公司的像素，來建立廣告受眾

某廣告代理商可以將 A 公司網站的廣告受眾，透過分享的功能，與 B 公司、C 公司、D 公司的廣告帳號….，一起共用廣告受眾。

▲ 某廣告代理商可分享廣告受眾

那麼，企業有沒有辦法避免這種情況的發生呢？

有的！只要在 Meta 像素的權限設定上，授與「查看像素」的部分管理權限，而非完整的控制權，那麼合作方便不能以廣告像素來建立自訂廣告受眾了。

▲ 授與「查看像素」的權限

問題三：如果 A 公司的廣告受眾，是由廣告代理商幫忙建立的，再以分享的方式授權給 A 公司使用，那麼，當兩家公司結束合作關係時，A 公司有辦法拿回廣告受眾的擁有權嗎？

很不幸，答案是不行的！

因為廣告受眾若是由廣告代理商建立的，那麼所有權也會屬於廣告代理商，只要廣告代理商不分享，A 公司是無法使用該廣告受眾的！

同樣的，某廣告代理商也可以將此廣告受眾，再分享給其他公司，甚至 A 公司的競爭對手。

所以，很重要的一點，廣告受眾必須由自己的公司來建立，所有權才會是屬於自己的，可不能由廣告代理商來代為建立喔！

第十四章

確認網域所有權

——— 網域驗證

14-1 關於網域驗證

網域驗證是告訴 Facebook，您擁有該網址的所有權，透過 Facebook 的驗證，在網站添加驗證程式碼，Facebook 會讀取該程式碼，以便對其進行驗證。

為了因應 Apple iOS 14 的變更，使得許多用戶選擇停用 iOS 14 裝置上的追蹤功能，進而影響了 Meta 像素追蹤與轉換的功能，因此 Facebook 會要求企業必須通過網域驗證，證明網域的所有權後，才能獲得 8 個可用轉換事件，並執行相關操作設定。

另外，若是要在 Facebook 粉絲頁的商店中販售商品，並在商品中進一步導引至官網結帳的話，也需要通過網域驗證，確認網域的所有權，才能執行此操作。

但若是網域沒有驗證的話，會有什麼後果？

沒有經過驗證的網域，除了會影響廣告轉換事件最佳化、成效分析報告和應用程式以外，若是以此網域投放廣告時，也會受到懲罰、影響成效，嚴重的話，更會導致廣告無法投遞。

🔘 重點指引

先前為了打擊假新聞，Facebook 進行了一些政策上的更改，要求只有通過驗證的網站的所有者，才能在分享自己網站上的文章貼文中，獲得內容編輯權限，也就是當網站文章被分享到 Facebook 粉絲頁時，Facebook 首先會檢查連結是否來自經過驗證的網域，有經過驗證的網域，才能進一步編輯文章標題。

然而，除了通過審核的新聞粉絲專頁以外，針對一般性質的粉絲專頁，目前 Facebook 已經停用內容編輯權限的功能，在粉絲頁的新版貼文建立工具中，對於分享的文章，也已經無法進行標題的編輯了。

14-2 如何在企業管理平台驗證網域？

1. 點擊左欄選單中「品牌安全」，選擇「網域」，再點擊「新增」。

▲ 點擊「新增」

2. 輸入網址，如：eplay.com.tw，網址前不需要再加入 http 或 https，再點擊「新增」。

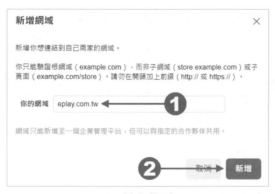

▲ 輸入網址

3. 開始驗證網域，選擇驗證網域的方法，有三種驗證方式：

- 在你的 HTML 原始碼中加入中繼標籤：在網站的原始碼中加入驗證程式碼。
- 上傳 HTML 檔案到你的根目錄：下載 Facebook 所提供的檔案，上傳至網站的根目錄中。

14-3

- 更新你網域註冊機構的 DNS TXT 紀錄：在 DNS 設定 / 代管機構中，新增一筆 DNS TXT 紀錄。

▲ 三種驗證網域的方式

方式一：在你的 HTML 原始碼中加入中繼標籤

(1) 使用「在你的 HTML 原始碼中加入中繼標籤」的方式驗證，頁面中會顯示設定的流程步驟。

▲ 「在你的 HTML 原始碼中加入中繼標籤」設定說明

(2) 將中繼標籤程式碼複製起來。

1. Copy this meta-tag:
<meta name="facebook-domain-verification" content="22t3jrji2dlzicy4l57qbovj4ja4sc" />

▲ 複製中繼標籤程式碼

(3) 中繼標籤程式碼必須貼在網站的原始程式碼中，位置在 <head> </head>
之間。

```
<html>
<head>
<meta name="facebook-domain-verification" content="22t3jrji2dlzicy4l57qbovj4ja4sc" />
</head>
```

▲ 中繼標籤程式碼插入位置

(4) 點擊說明步驟 3 的超連結，連結至網站，確認中繼標籤是否可讀取。

3. 你發佈首頁後，前往http://eplay.com.tw/並檢視HTML原始碼，即可確認中繼標籤可見。

▲ 檢視中繼標籤

若可成功讀取中繼標籤的話，那麼瀏覽器的網址列中，會出現驗證參數。

https://eplay.com.tw/?fbclid=IwAR2ihbrpm5FjbOj2E98_0_auImIl93tsBn5Te45sC9PWh

▲ 網址列的驗證參數

(5) 點擊「驗證網域」。但 Facebook 需要一段時間才能讀取到中繼標籤，若是出現未驗證的狀態，則需多點擊幾次「驗證網域」。

▲ 點擊「驗證網域」

(6) 網域驗證成功，點擊「完成」。

▲ 驗證成功

方式二：上傳 HTML 檔案到你的根目錄

(1) 在說明頁面中，下載「HTML verification file」檔案。

▲ 下載「HTML verification file」

(2) 將檔案上傳至網站伺服器中，上傳位置在網域根目錄中。上傳後可以點擊步驟 3 的超連結。

> 3. 如果你可以在網站上看到驗證碼，即表示你的 HTML 驗證檔案已成功上傳：
> http://eplay.com.tw/9w5y4zb19f8rqswuv96w7xe09zfbrp.html

▲ 點擊步驟 3 的超連結

若頁面中出現驗證碼，代表檔案有上傳成功。

| ← → C ⌂ | ⚠ 不安全 \| eplay.com.tw/9w5y4zb19f8rqswuv96w7xe09zfbrp.html?fbclid=IwAR3oW4Dzmi7DIej... | A⁺ ☆ |
| 9w5y4zb19f8rqswuv96w7xe09zfbrp ◀—— | | |

▲ 頁面出現驗證碼

(3) 點擊「驗證網域」。若 Facebook 未讀取到檔案的話,則需要多點擊幾次。

▲ 點擊「驗證網域」

(4) 網域驗證成功,點擊「完成」。

驗證成功後,網站上的 HTML 檔案仍然要繼續保留,以便 Facebook 日後可以隨時檢查、驗證。

▲ 驗證成功

方式三：更新你網域註冊機構的 DNS TXT 紀錄

(1) 先將步驟 2 的 TXT 紀錄複製起來。

> 2. 按照指示新增這個 TXT 紀錄到你的 DNS 設定：
> **facebook-domain-verification=336e2ojbtxgo5f6u40p00zje7wip8p**
> 備註：部分網域登錄程式的主機欄位必須填上「@」符號。

▲ 複製 TXT 紀錄

(2) 至網域註冊機構的 DNS 代管設定後台中，登入管理後台的網域名稱與
密碼。例如 TWNIC 財團法人台灣網路資訊中心，除了提供網域註冊、
購買的服務以外，也有為所註冊的網域提供 DNS 代管的服務。

▲ TWNIC 的 DNS 設定 / 代管 https://rs.twnic.net.tw/setupdns.html

(3) 把 TXT 紀錄添加到到 DNS 欄位中。

每一個 DNS 代管機構的 DNS 設定的方式不盡相同，有的要在域名 / 主機名稱中添加 @，有的要填寫網址。填寫完成後，就可提交設定表單。

編號	域名/主機名稱	紀錄型態	IP位址/主機名稱
	ns11.twnic.net.tw	域名伺服器(NS)	
	ns12.twnic.net.tw	域名伺服器(NS)	
1	eplay.com.tw	IPv4(A) ∨	
2	www.eplay.com.tw	IPv4(A) ∨	
3	eplay.com.tw	字串 (TXT)	facebook-domain-verification=336e2ojbtxgo5f6u40p00zje
4		字串 (TXT) ∨	
5		請選擇 ∨	
6		請選擇 ∨	
7		請選擇 ∨	
8		請選擇 ∨	
9		請選擇 ∨	
10		請選擇 ∨	
11		請選擇 ∨	
12		請選擇 ∨	
13		請選擇 ∨	
14		請選擇 ∨	
15		請選擇 ∨	

▲ 添加 TXT 紀錄

(4) DNS 設定完成，一般會在 24 小時內生效。

▲ DNS 設定完成

(5) 更改 DNS 記錄後，約 24 ～ 72 小時後，再回到企業管理平台的驗證網域設定頁面中，點擊「驗證網域」。

要將 TXT 紀錄保留在 DNS 設定中，因為 Facebook 會定期檢查，進行驗證。

▲ 點擊「驗證網域」

(6) 網域驗證成功，點擊「完成」。

▲ 驗證成功

4. 網域驗證成功後，點擊「新增資產」。

▲ 點擊「新增資產」。

5. 資產類型選擇「經典版粉絲專頁」，指派要添加到網域的粉絲頁，再點擊「新增」。

▲ 指派粉絲頁

6. 指派完成，新增資產成功，點擊「完成」。

▲ 點擊「完成」

✓ 重點指引

如果沒有自己的網站，內容或商品是放在部落格、蝦皮或是 Yahoo 拍賣…等平台，那該怎麼網域驗證？

網域驗證是針對有擁有權的網站，如果本身不具有擁有權，當然不能進行驗證。

比較可行方法，是再架設一個小型的網站進行驗證，並製作登陸頁，將貼文連結至登陸頁，以登陸頁導流商品。

其實登陸頁也可以好好介紹商品，以主題導購、活動導購的方式進行，效果反而會比直接連結到商品頁還要好。

第十五章

指定廣告特定版位

—— 排除清單

15-1 關於排除清單

如果公司相當注重品牌形象，不希望投放的廣告，會出現在一些宣傳暴力、色情或任何政治、有仇恨意識形態，甚至是競爭對手的網站上，那麼有辦法做到嗎？

當然沒問題！可以使用「排除清單」的功能！

「排除清單」主要是針對 Audience Network 的廣告、即時文章和插播影片，也就是投放在 Facebook 之外的第三方應用程式、網站的廣告。

「排除清單」可以剔除掉不想出現的廣告位置，就像黑名單一樣，只要將這份黑名單上傳至企業管理平台，就可以讓所有的廣告帳號、或是指定哪些廣告帳號套用這份黑名單。

而上傳的排除清單檔案，在建立時，需要注意幾點：

1. 檔案格式必須是 .csv 或 .txt。

2. 必須列出所要排除網站的網址，或所要排除的 Facebook 粉絲專頁的網址，如：www.facebook.com/12345678 。

3. 網址只需填寫域名即可，可以加入 http:// 或 https:// ，也可以不加入。

4. 所要排除的若是應用程式，可填寫該應用程式在應用商店的位置，如："https://itunes.apple.com/us/app/id000000000" 或 "https://play.google.com/store/apps/details?id=com.app .example "

5. 可排除的清單列表最多可達 10,000 筆。

15-2 建立排除清單

1. 點擊左欄選單中的「排除清單」，再點擊「管理」。

▲ 點擊「管理」

2. 進入「品牌安全」管理後台，點擊「建立排除清單」。

▲ 點擊「建立排除清單」

3. 如果之前從未編輯過排除清單檔案，可先下載排除清單範例，點擊「下載範例清單」的超連結，將檔案下載下來。

▲ 點擊「下載範例清單」

開啟範例檔案後，可以參照清單格式，不需要填寫網站名稱，以每一個網址為一列，網址開頭可以使用 www、http、https，檔案需儲存為 .csv 或 .txt 格式。

	A
1	www.facebook.com/123
2	www.example.com
3	https://play.google.com/store/apps/details?id=com.news
4	https://www.instagram/uid/123

▲ 排除清單範例格式

4. 為排除清單名稱命名，並上傳檔案，再點擊「上傳」。

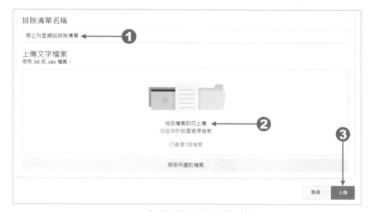

▲ 上傳排除清單檔案

5. 上傳檔案後，Facebook 會開始檢查，以確保檔案規格符合它的限制。排除清單建立完畢後，點擊「套用」。

▲ 排除清單建立完成

6. 選擇排除清單是否要套用到廣告帳號：

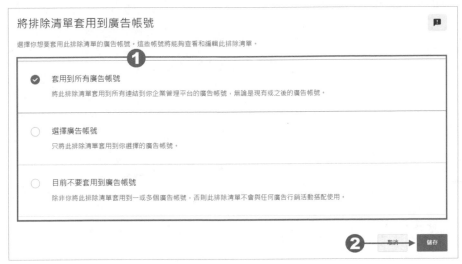

▲ 排除清單套用到廣告帳號

(1) 套用到所有廣告帳號：讓所有的廣告都使用這一份排除清單檔案，不必一一設定。

(2) 選擇廣告帳號：指定只要哪些帳號套用排除清單就好。

▲ 指定廣告帳號

(3) 目前不要套到廣告帳號：目前不與任何廣告帳號做連結，日後再指定所要套用的廣告帳號。

選擇好之後，點擊「儲存」。

7. 日後，若要更新或移除排除清單，只要回到企業管理平台的「排除清單」頁面中，點擊「管理」。

▲ 點擊「管理」

8. 點擊清單列表中，位於最右邊的「…」，就可以套用或移除、取代或下載、刪除檔案了。

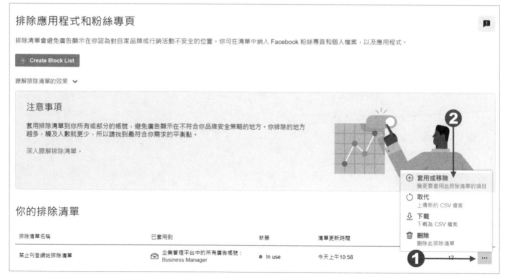

▲ 點擊「…」

9. 若要重新指定所要套用的廣告帳號，可點擊「套用或移除」。

▲ 點擊「套用或移除」

10. 回到「將排除清單套用到廣告帳號」中，進行重新設定。

▲ 將排除清單套用到廣告帳號

✓ 重點指引

在投放廣告時，在同一企業管理平台中，其他沒有套用排除清單的廣告帳號，如果臨時也想要套用，也可以使用排除清單嗎？

1. 在建立廣告的介面中，找到「版位」的區塊下，點擊「顯示更多選項」。

▲ 點擊「顯示更多選項」

2. 在「排除清單」中，點擊「編輯」。

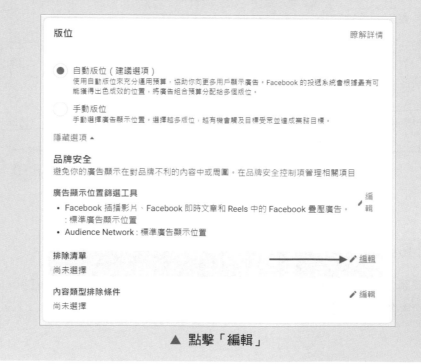

▲ 點擊「編輯」

3. 選擇想要套用的排除清單名稱，就能夠直接使用了。

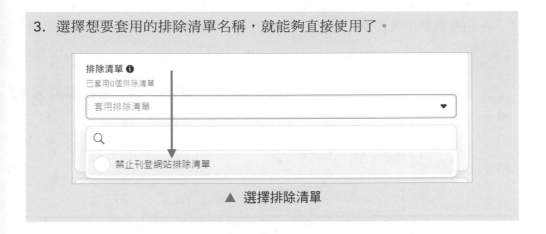

▲ 選擇排除清單

15-3 檢視廣告可能出現的位置與投遞成效

一、檢視廣告可能出現的位置

1. 回到企業管理平台的「排除清單」管理頁面中，點擊「…」，再點擊「查看詳情」。

▲ 點擊「查看詳情」

2. 在左欄選單中，點擊「發佈商清單」，依據版位類型檢視廣告可能出現的位置。

▲ 選擇版位類型

3. 列表中所顯示的清單，就是廣告可能出現的位置。可以在每次投放廣告之前，先進行檢視。

▲ 檢視廣告露出清單

二、檢視廣告投遞成效

1. 點擊左欄選單的「投遞成效報告」，也可以檢視廣告出現過的位置，以及曝光次數、是否有正確排除黑名單，進而瞭解成效是否有如預期，並進行優化。

▲ 投遞成效報告

2. 以「查看廣告曾出現的位置」為例，下載檔案後，由於檔案是 utf8 編碼格式，若是以 Excel 直接開啟的話，中文字顯示部分會有亂碼出現，因此可以選擇以匯入 Google 試算表的方式來開啟。

3. 在 Google 帳號是登入的狀態下，點擊「Google 應用程式」，再點擊「試算表」。

▲ 點擊「試算表」

4. 點擊「＋」，開啟一個空白的 Google 試算表檔案。

▲ 點擊「＋」

5. 點擊「檔案」，再點擊「匯入」。

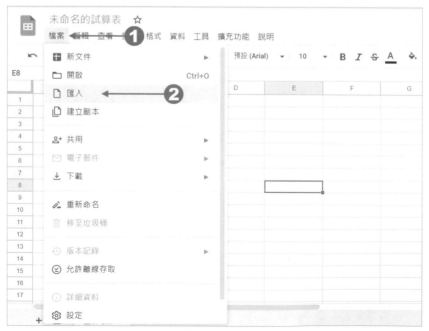

▲ 點擊「檔案」→「匯入」

6.　點擊「上傳」，將所下載的檔案拖曳至上傳的區域中。

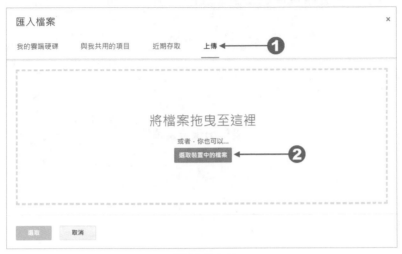

▲　點擊「上傳」

7.　匯入位置選擇「取代試算表」，再點擊「匯入資料」。

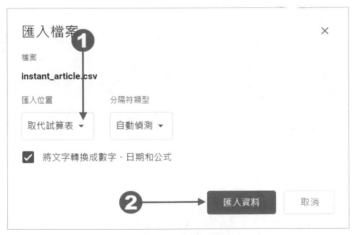

▲　點擊「匯入資料」

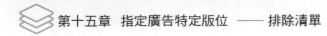

8. 中文部分已可正常顯現，沒有亂碼產生。可以看見過去 30 天中，所投放的廣告出現在哪些位置、曝光時間…等。

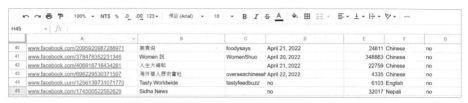

▲ 廣告出現位置清單

第十六章

管理潛在顧客，提升轉換率

—— Leads Access

16-1 管理潛在顧客資料下載權限

在建立 Facebook 廣告時，選擇行銷活動目標是「開發潛在顧客」的廣告，與其他行銷活動目標的廣告不同，它可以在 Facebook 和 Instagram 上蒐集顧客資料。

▲ 行銷活動目標：開發潛在顧客

「開發潛在顧客」廣告包含了可以建立「即時表單」，依照需求新增用戶資料欄位，向點擊廣告的用戶要求留下姓名、電話、EMAIL 等資訊。

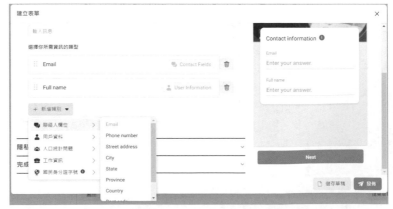

▲ 即時表單可新增用戶資料欄位

當用戶填寫了「即時表單」之後，廣告主就可以進行顧客資料的蒐集和下載，而預設的潛在顧客資料下載權限，只有粉絲專頁的管理員才能擁有。

那麼，這可能導致什麼問題產生呢？

舉例來說，當公司和廣告代理商合作，廣告代理商投放了「開發潛在顧客」廣告，另外，為了管理上的方便，也將廣告代理商指定為粉絲專頁的管理員之一，因此根據 Facebook 的預設規則，廣告代理商就有權限下載潛在顧客資料了。

如果想要避免這種情況產生，那麼就需要在企業管理平台中，指派可以下載潛在顧客資料的成員角色，只讓公司內部特定成員擁有可下載的權限，同時也取消廣告代理商公司的下載權限。

那麼，該怎麼設定呢？

1.　點擊左欄選單的「整合」，選擇「Leads Access」，再點擊「自訂下載權限」。

▲ 點擊「自訂下載權限」

2. 點擊「確認」。

在自訂潛在顧客資料下載權限後，粉絲專頁管理員將失去下載權限，需手動指派。

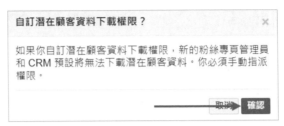

▲ 點擊「確認」

3. 只要是粉絲頁的管理員，預設值都會被歸屬在具有下載權限的相關人員中，若要移除該相關人員的權限，則點擊「垃圾桶」符號。

▲ 點擊「垃圾桶」符號

4. 點擊「確認」，將權限刪除。

▲ 點擊「確認」」

5. 點擊「合作夥伴」，這裡是以企業管理平台為單位來顯示的。但也說明一個問題，若合作夥伴指派了 10 個員工成為粉絲專頁管理員，那麼這 10 個員工都有權限下載潛在顧客資料。

　　因此，若不希望合作夥伴也有下載權限的話，點擊「垃圾桶」符號，將權限移除。

▲ 點擊「垃圾桶」符號

16-2　即時表單串連CRM

對企業來說，即時表單串聯 CRM 有什麼好處？

透過「即時表單」所獲得的潛在顧客資料，必須要手動下載，因此每當有新的資料更新時，就要重新下載一次，如此非常地不方便。

但是若能整合 CRM 系統，就可以將潛在顧客資料匯集至 CRM 系統中，自動更新資料，而毋須每次手動下載。

此外，有許多的 CRM 系統還整合了電子報、傳送確認電子郵件 ... 等等多種的功能，可以在獲取潛在顧客資料後，立即對潛在顧客進行再行銷的行動，大幅提昇轉換率。

那麼，即時表單該如何串連 CRM 系統呢？

1.　至粉絲專頁中，點擊左欄選單「Meta Business Suite」中的「發佈工具」。

▲ 點擊「發佈工具」

2.　點擊「所有工具」，再點擊「廣告」類別中的「即時表單」。

▲ 點擊「所有工具」

▲ 點擊「即時表單」

3. 點擊「建立表單」，透過表單取得用戶相關資料。

▲ 點擊「建立表單」

4. 選擇「新表單」，點擊「下一步」。

▲ 選擇「新表單」

5. 為「表單名稱」命名。

   另外，在「表單類型」中，若希望增加收到回傳表單的數量，可選擇「提高回收量」。若是希望提高潛在顧客資料的準確度，可選擇「提高意願」。

▲ 填寫「表單名稱」與「表單類型」

重點指引

「提高回收量」與「提高意願」，有什麼差別？

依據選擇類型的不同，也會影響到表單的成效與取得潛在顧客資料的成本。舉例來說，若是要辦一場線上活動，希望愈多人參加愈好，那麼就需要選擇「提高回收量」。而如果行銷的目標是以對產品興趣、有意願購買的用戶為主，那麼就可以選擇「提高意願」，如此所取得的潛在顧客資料，會更加貼近企業的需求。

6. 在「背景圖像」中，選擇「使用上傳的圖像」，上傳自訂的圖像作為表單背景，可以讓用戶對品牌識別的印象更為強烈。

   圖像大小為：1200 X 628 像素

▲ 上傳背景圖像

7.　填寫即時表單的「標題」、「說明」訊息。

▲ 填寫「標題」、「說明」

8.　填寫「說明」訊息，告訴用戶為什麼需要留下資料的原因。並在「選擇您所需資料的類型」中，建立用戶所要填寫的欄位，如姓名、EMAIL、電話。

　　點擊「新增類別」，可以新增各項資料的欄位。

但要注意的是，潛在顧客的資料欄位不是愈多愈好，而是要留下必要欄位，以方便顧客填寫，並多使用可以預先填入顧客資料的功能，減少顧客填寫時的繁瑣流程，才能讓顧客更有意願留下資料。

▲ 填寫「說明」、「選擇你所需資訊的類型」

9. 為了保護潛在顧客的隱私資料，需填入公司的隱私政策聲明，加入隱私聲明的連結網址與連結文字。

▲ 填寫「隱私政策」

10. 填寫「給潛在顧客的訊息」，也就是當用戶填寫完表單資料，提交送出之後，所要展露給用戶的訊息，如此可以引導用戶再一步行動，像是連結至網站、或下載資料、致電商家詢問。

▲ 填寫「給潛在顧客的訊息」

11. 即時表單的各項資料欄位，都一一填寫完畢後，就可點擊「發佈」了。

▲ 點擊「發佈」

12. 即時表單建立完成後，再點擊「CRM 設定」。

▲ 點擊「CRM 設定」

13. 在「搜尋 CRM 系統」中，輸入想要使用的 CRM 系統名稱。

▲ 輸入 CRM 系統名稱

⊘ 重點指引

掃描 Qrcode，可以查詢與 Facebook 整合的 CRM 系統清單，以及該 CRM 系統與 Facebook 連結的初步設定方法。

▲ 可與 Facebook 整合的 CRM 系統

14. 以整合 MailChimp 為例,讓填寫即時表單的用戶,也能同時訂閱
    MailChimp,公司就能透過 MailChimp,進行自動化行銷流程,對潛在
    客戶發送電子報,提升轉化率。

    首先,到 MailChimp 官網,填寫 EMAIL、帳號、密碼等資料,註冊會員。
    MailChimp 註冊會員網址:https://login.mailchimp.com/signup/

▲ MailChimp 會員註冊頁面

15. 到信箱中收取驗證信函。

▲ 收取驗證信

16. 啟動會員帳號，並完成後續的會員註冊流程。

▲ 啟動會員帳號

17. 可以先進行試用，選擇「Free」免費方案，再點擊「Next」。

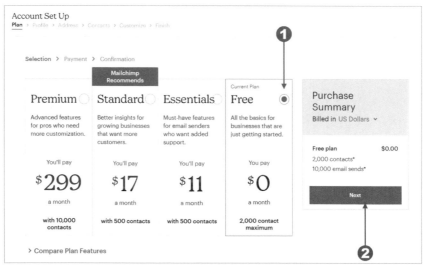

▲ 選擇「Free」

18. 填寫姓名、公司、網址、電話號碼等資料，跟著註冊流程一一回答問題、填寫資料，點擊「Continue」。

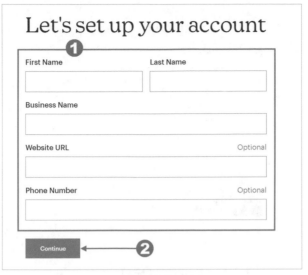

▲ 填寫會員資料

19. 再繼續填寫資料，並點擊「Continue」，一直到填寫完畢。

Tell us about your contacts

This can include people who signed up to receive marketing emails from your organization, or those who solely receive transactional emails. Learn more about Mailchimp contact types.

3

Do you have any contacts?

○ Yes

○ No

○ I'm not sure...

Continue ← **4**

Help us determine the best experience for you

5

Do you sell products or services online?

○ Products

○ Services

○ Both

○ Neither

Continue ← Skip **6**

You're ready to go

Now that we know more about you, we'll be able to recommend the best marketing moves for you in the future.

7

Select additional emails you want to receive from Mailchimp and our companies:

☐ E-commerce Newsletter
Actionable advice to help you drive traffic, increase conversion, and grow sales for your online business.

☐ Mailchimp Presents
A monthly newsletter highlighting Mailchimp's original short-form series, films, and podcasts made with entrepreneurs in mind.

☐ Courier Highlights
The essential weekly round-up of inspiration, insights, and more to help take your business to the next level.

Continue ← **8**

▲ 點擊「Continue」

20. 點擊左欄選單的「Create」。

▲ 點擊「Create」

21. 點擊左欄選單「Signup Form」的子選項「Signup landing page」。

在「Landing Page Name」欄位中，填入登陸頁頁面名稱，並選擇「Select An Audience」，再點擊「Begin」。

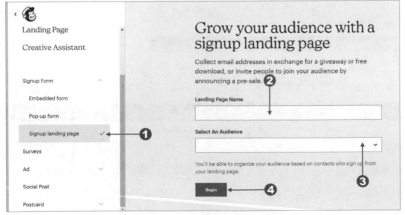

▲ 填寫登陸頁資料

22. 選擇範本，進入表單編輯器中。

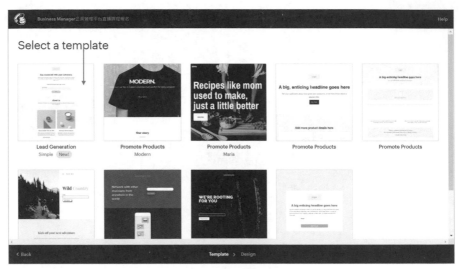

▲ 選擇範本

23. 開始編輯表單，將滑鼠移至區塊中，出現編輯符號就能夠編輯表單欄位。

▲ 點擊編輯符號

24. 若是出現的欄位沒有符合所需，則點擊右欄的「signup form builder」文字超連結，按下滑鼠右鍵，「在新索引標籤中開啟連結」的方式，另外再進行編輯。

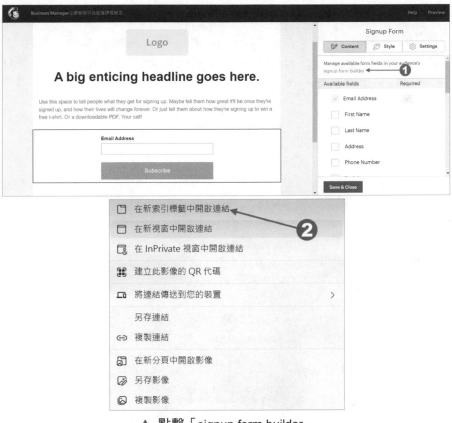

▲ 點擊「signup form builder」

25. 開始編輯表單欄位，將滑鼠移至每個欄位中，就可以進行增加、刪除、與調整上下順序。

▲ 編輯表單欄位

26. 每個欄位都有對應的編輯設定區，可以進行欄位名稱的修改。

例如第一個欄位，為了符合 Facebook 的即時表單欄位，則需要將「Fiels label」的文字修改成「FullName」，其他設定值可不進行變動，而後點擊「Save Field」，儲存設定值。

▲ 編輯「Fiels label」

27. 要將表單欄位編輯成與 Facebook 的即時表單完全一樣，才能對應欄位。

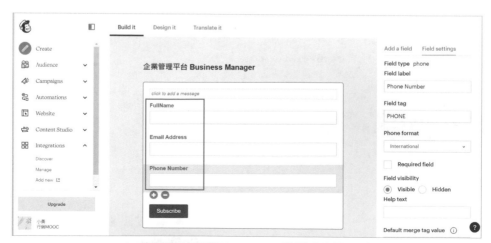

▲ 表單欄位需與 Facebook 的即時表單一致

28. 回到登陸頁的頁面編輯器中，勾選與 Facebook 對應所需要的欄位，若為必填欄位，則「Required」值都要開啟。

接著，再點擊「Save&Close」。

▲ 勾選對應欄位

29. 點擊「Publish」，將表單發佈出去。

▲ 點擊「Publish」

30. 表單建立完成。同時也會得到一頁登陸頁面，可視需求靈活調整、運用。

▲ 表單建立完成

31. 回到 Facebook 粉絲專頁的「CRM 設定」中，在搜尋欄位輸入「MailChimp」，並在選單中點擊「MailChimp」系統。

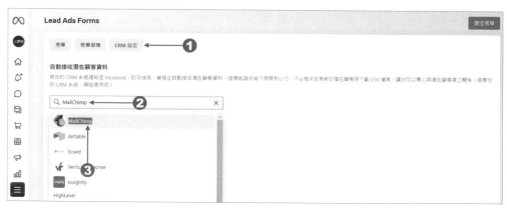

▲ 輸入「MailChimp」

32. 點擊「連結」，進行串連 MailChimp 的串連。

▲ 點擊「連結」

33. 登入 Mailchimp 的會員帳號、密碼。

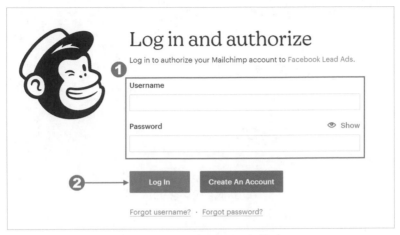

▲ 登入 Mailchimp 會員

34. 點擊「Allow」，進行 Facebook 的授權。

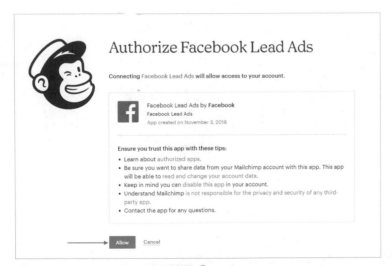

▲ 點擊「Allow」

35. 選擇要對應的 Facebook 的名單型廣告表單，所要對應的「MailChimp 郵寄清單」，並將每個欄位一一對，再點擊「儲存表單」。

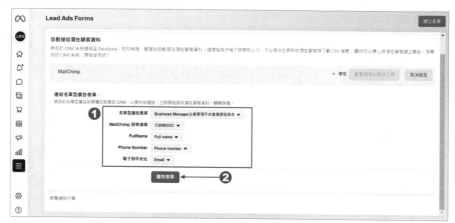

▲ 對應表單與欄位

36. 串聯成功後,會出現啟用中的狀態。

▲ 串聯成功

37. 接著,回到企業管理平台,點擊左欄選單的「Leads Access」,點擊「CRM」標籤,再點擊「指派 CRM」。

▲ 點擊「指派 CRM」

38. 可以選單中出現「MailChimp」，將 MailChimp 勾選起來，點擊「指派」。

▲　勾選「MailChimp」

39. 新增下載權限成功，點擊「完成」。

▲　點擊「完成」

主題五：
新增合作夥伴，
協助擴展行銷業務

第十七章
邀請您的合作廠商一起加入
—— 合作夥伴

17-1　建立合作夥伴

要在企業管理平台中加入合作廠商非常簡單，而且有兩種新增方式：

- 與其分享資產的合作夥伴：授與對方使用的權限，資產擁有權還是屬於自己的。
- 向其申請資產使用權限的合作夥伴：自己沒有資產的擁有權，需要向對方申請權限，才能使用。

▲　兩種新增合作夥伴的方式

方式一：與其分享資產的合作夥伴

1.　點擊左欄選單的「合作夥伴」，在「與其分享資產的合作夥伴」的區塊，點擊「新增」。

▲　點擊「新增」

2. 輸入合作夥伴的企業管理平台編號,再點擊「下一步」。

▲ 輸入合作夥伴的企業管理平台編號

3. 選擇要授權的資產,並指派所要授與的資產工作權限。

如:授權粉絲專頁,指派合作夥伴為粉絲專頁建立廣告的權限。

指派完畢後,再點擊「儲存變更」。

▲ 授與資產權限

4. 合作夥伴新增成功，點擊「完成」。

▲ 點擊「完成」

5. 如果之後要指派資產，或再次變更合作夥伴的工作權限的話，一樣點擊左欄選單中的「合作夥伴」，選擇合作廠商後，就可看到哪一些資產由該合作夥伴負責，所授與的工作權限是什麼。

點擊「共用資產」，即可再次新增資產與工作權限。

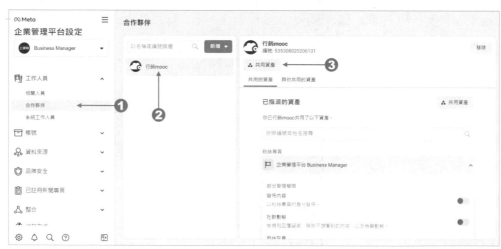

▲ 點擊「共用資產」

方式二：向其申請資產使用權限的合作夥伴

1. 在「向其申請資產使用權限的合作夥伴」的區塊，點擊「新增」。

▲ 點擊「新增」

2. 閱讀說明條款，點擊「立即開始」。

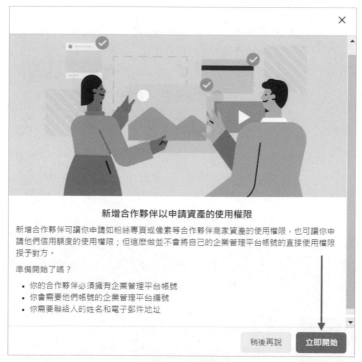

▲ 點擊「立即開始」

3. 填寫合作夥伴的聯絡人姓名、EMAIL、企業管理平台編號，以及選定合
作關係的角色。

例如：想要幫 A 公司代為投放廣告，那麼在「你企業管理平台的角色」
中，要選擇「媒體代理商」，而「合作夥伴的角色」，則是選擇「品牌
或商家」。

接著，再點擊「繼續：申請資產類型」。

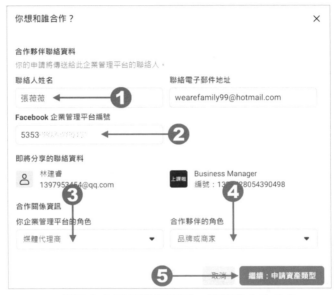

▲ 填寫合作夥伴聯絡資料，並選定合作角色

4. 選定所要申請使用權的資產、權限有哪一些，一一設定好之後，再點擊
「下一步：確認並檢視」。

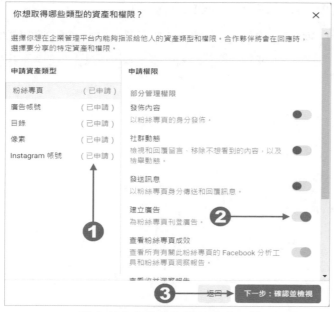

▲ 選定所要申請使用權的資產、權限

5. 確認申請使用權和其他權限，若不需要再編輯與修改的話，點擊「傳送」。

▲ 確認權限

6. 傳送出去後，需等待合作夥伴的回覆。

回到「合作夥伴」的設定介面中，在清單中會出現合作方的名稱，以及申請狀態，若合作夥伴遲遲沒有回覆，則再點擊「重新傳送」，重新提出申請。

▲ 點擊「重新傳送」

合作夥伴的企業管理平台端

1. 在企業管理平台中，點擊選單中的「合作夥伴」，會出現合作方所傳送過來的申請要求，在「合作夥伴」設定頁面中，點擊「回覆申請」。

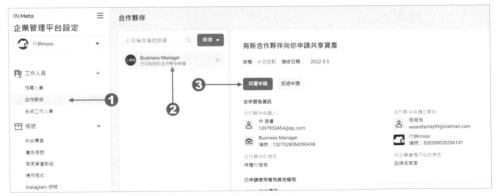

▲ 點擊「回覆申請」

2. 在「有新合作夥伴向你申請共享資產」的說明頁面中，點擊「立即開始」。

▲ 點擊「立即開始」

3. 檢視商家資訊，點擊「下一步」。

▲ 點擊「下一步」

4. 接著，再設定「分享資產和設定權限」。

在「申請的資產類型」中，出現「已申請」的是合作夥伴方想要要求的資產與使用權限。若有需要調整權限的話，在「選擇要分享的資產」中，再重新設定權限。

所要授權的資產與使用權限都確認無誤後，再點擊「確認並檢視」。

▲ 點擊「確認並檢視」

5. 檢視合作資訊，再點擊「批准要求」。

▲ 點擊「批准要求」

6. 已經成功批准,點擊「關閉」。合作關係開始成立。

▲ 點擊「關閉」

17-2 與合作夥伴的雙贏策略聯盟

合作夥伴的設定很容易,但問題往往都不是出現在設定上!

所以,該怎麼合作會比較好?

一、如果您是企業主

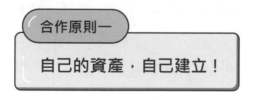

無論是 Facebook 廣告帳號、Instagram 帳號、目錄、廣告像素、廣告受眾⋯等等,都要在自己的企業管理平台中建立,擁有權才是屬於自己的,建立完了之後,再指派合作夥伴的權限給合作夥伴。

如果一開始為了節省麻煩,而請合作夥伴在他的企業管理平台中幫你建立的話,那麼之後結束合作關係時,會有很多資產是無法拿回來的。

> **合作原則二**
>
> ## 先從小權限指派起，
> ## 不要一開始就開放所有的權限。

如果合作夥伴只是代為投放廣告，那麼就只要指派廣告主的權限就好。

合作夥伴是以企業管理平台為單位，授與權限後，再交由對方指派負責的相關人員，也就是說，如果一開始就授與管理員的權限（如：廣告帳號管理員、專頁管理員），那麼合作夥伴也可以指派 10 個人或更多人全部成為管理員。

當管理員人數愈多，又無限縮權限的話，安全性風險自然就增高了。

二、如果您是廣告代理商／行銷代理商

> **合作原則一**
>
> ## 善用商家資產群組來分隔客戶！

最佳的做法，是為每個客戶使用單獨的廣告帳號，並使用商家資產群組，來分隔不同的客戶。

若您的客戶完全不懂得如何使用企業管理平台，那麼就需要建議他指派人員，完成合作前的教育訓練課程，協助他建立企業管理平台，如：新增廣告帳號，而後再將權限指派給您，或是由您申請該廣告帳號的使用權限。

> **合作原則二**
>
> ## 保有客戶的使用權限，不要有擁有權！

同樣的，若是需要其他資產的操作權限，也應該是申請使用權限，而非是從自己的企業管理平台中幫對方建立新的資產。

第十八章
有效管理行銷業務
—— 商家資產群組

18-1 關於商家資產群組

如果企業內部有眾多的行銷業務，或是公司本身是廣告代理商，需要管理一大堆的廣告帳號、粉絲頁、產品目錄…，那麼有沒有比較好的方式，可以管理眾多的資產與業務？

使用企業管理平台的「商家資產群組」，可以將特定的粉絲頁、廣告帳號、甚至是應用程式組合在一起。就像一個資料夾一樣，把所有相關的項目匯集在一起。

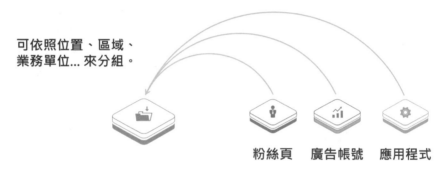

可依照位置、區域、
業務單位... 來分組。

粉絲頁　廣告帳號　應用程式

▲ 圖說；「商家資產群組」如同資料夾一樣

透過「商家資產群組」，也可以靈活地設置Facebook資產，以反映業務結構。例如：可以依照位置、區域、業務單位、所代理的公司名稱，或是任何具有邏輯意義、內部人員可以辨識的類別來進行分組。

另外，依照不同的細分市場，來建立商家資產群組，更有助於提升廣告效益。

像是將每個年齡層細分為不同的資產群組，這樣就能清楚地監控每個年齡層的廣告效果和數據，不但能有效地管理項目，還能依據分組做出更有效的廣告戰略決策。

不過要注意的是，如果要使用「商家資產群組」，建議一開始先不要指定個別員工的相關人員權限，而是要在添加完資產群組後，再將相關的員工一一添加進來，如此才不會將負責該專案的人員與其權限混淆。

事

帳號.資產

人

相關人員

權

工作權限

▲ 商家資產群組添加順序

18-2　建立商家資產群組

1.　點選左欄選單中的「商家資產群組」，再點擊「建立商家資產群組」。

▲ 點擊「建立商家資產群組」

2. 選定符合群組業務的類別，再點擊「確認」。像是要依照區域建立群組，或是依照品牌來建立群組。

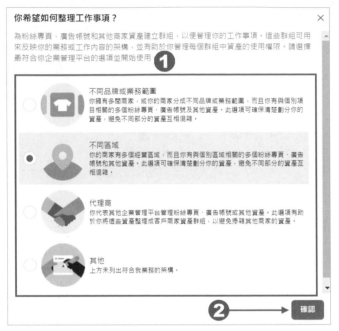

▲ 選擇業務類別

3. 為「商家資產群組名稱」命名，再點擊「下一步」。

命名原則要簡短、好辨識，能一目了然為佳，如北區、中區、南區。

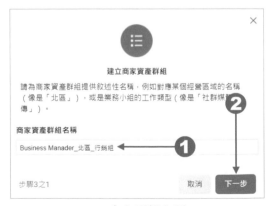

▲ 命名群組名稱

4. 選擇要將哪些粉絲頁、廣告帳號、像素⋯等資產歸在該資產群組底下，雖然同一個粉絲專頁也可以歸在不同資產群組底下，但建議還是要依照 Facebook 的建議，不要將一項資產重複指派到不同的群組中，以避免整理起來過於混亂。

指派完成後，點擊「下一步」。

▲ 命名群組名稱

5. 還要再依據選擇的資產，指派所要負責的相關人員，並設定工作權限。在設定時，若同時選取兩位以上的工作人員，工作權限必須統一設定，無法針對不同的人員分別授與不同的權限。不過若要分別授與不同權限的話，也可以日後再進行更改。

設定完成之後，點擊「建立」。

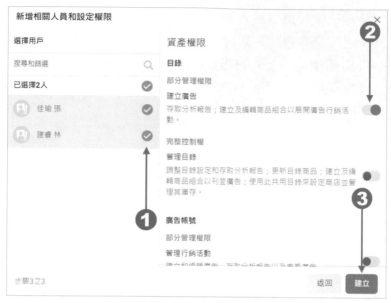

▲ 新增相關人員和設定權限

6. 已成功建立商家資產群組，點擊「完成」。

▲ 點擊「完成」

7. 新增完成後，回到商家資產群組的設定頁面中，點擊「相關人員」，就可以對個別的成員再進行不同的工作權限的設定。

▲ 點擊「相關人員」

8. 若是要將該商家資產群組移除，點擊「刪除」

商家資產群組只是方便資產的歸類與整理，因此移除商家資產群組並不會將原有的資產或負責的相關人員也一併刪除掉。

▲ 點擊「刪除」

✓ 重點指引

「商家資產群組」已經取代「事件來源群組」

如果想知道 Facebook 粉絲專頁對網站是否有助益，可以帶來流量、加入購物車的人有多少，甚至完成銷售，那麼，可以做到嗎？

商家資產群組（原本是事件來源群組）也可以將所有類型的像素、粉絲頁與應用程式相關聯起來。

例如，想要知道 Facebook 粉絲頁和網站的用戶情形，那麼，就可以將粉絲頁和像素組成一個事件來源群組。

透過結合所有這些不同的事件，Facebook 還提供了全面的分析。這樣就可以追蹤和瞭解用戶與多個管道的情況，並使用 Facebook 分析提供的所有資料，來衡量行銷和投資回報率。

在商家資產群組的設定介面中，點擊「以分析工具開啟」，就可以查看數據資料。

▲ 點擊「以分析工具開啟」

附錄 A
FB 企業管理平台
—— 行銷整合與實務應用
校園版

FB企業管理平台
行銷整合與實務應用
校園班

課程目標　Learning Objectives

建立學生對於廣告實務運作的基礎概念，期使透過 Facebook 企業管理平台的實際運作，使學生學習到廣告主、廣告公司、廣告媒體三方如何密切合作、明確分工，並培養良好的廣告溝通能力，有助於提升未來的就業競爭力。

課程大綱　Course Syllabus

週次	課程單元大綱
1	什麼是企業管理平台？
2	熟悉企業管理平台正確的設置方式
3	添加工作人員，掌握工作人員配置
4	集中整合粉絲專頁
5	共同管理廣告帳號
6	同步串連 Instagram 帳號
7	集中部署應用程式
8	統一指定付款方式與通知
9	提升廣告成效 —— Meta 像素

10	適時推送商品 —— 目錄
11	衡量實體通路行銷效益 —— 離線事件組合
12	跟蹤用戶和優化廣告 —— 自訂轉換
13	顧客價值精準投入 —— 共用廣告受眾
14	確認網域所有權—— 網域驗證
15	指定廣告特定版位 —— 排除清單
16	管理潛在顧客，提升轉換率 —— Leads Access
17	邀請您的合作廠商一起加入 —— 合作夥伴
18	有效管理行銷業務 —— 商家資產群組

課程對應能力指標程度

編號	核心能力	符合程度
1	具專業知識能力	5
2	具問題分析與解決能力	5
3	具協調與行銷能力	5
4	具實務處理與應變能力	5
5	具職場就業力	5

教科書或參考用書

教科書類

林建睿 (2022)，廣告代理商不會告訴你的秘密：Facebook 企業管理平台，深智數位出版。

閱讀類

林建睿 (2021)，Facebook 流量爆炸終極心法，深智數位出版

教學方法　　Teaching Method	
教學方法 Teaching Method	百分比 Percentage
講述	50 %
實作	40 %
報告與討論	10 %
總和　Total	100 %

課程諮詢：(02)7707-4975 財團法人商業發展研究院 訓練業務總監 傅小姐，
或 E-mail：sincheaufu@cdri.org.tw

教材諮詢：(02)27327925 分機 201 深智數位出版 段小姐

附錄 B
FB 企業管理平台
—— 行銷整合與實務應用
企業版

👥 課程緣起

要找廣告代理商操盤,還是自己下廣告呢?

別猶豫了!不管哪一種,都需要企業管理平台,以新的方式、新的工具,將廣告投資報酬率最大化。

企業管理平台對於整合企業的 Facebook 與 Instagram 行銷工作,有相當大的助益,所能取得的資源與優勢,也比 Facebook 廣告管理員多!

透過這門課,您將可以學習到,如何善用企業管理平台,與合作夥伴取得專屬資源與協助,並學習使用進階工具,擴大行銷效益規模,大幅度地提高成效,賺取更多收益。

課程大綱

投放廣告前，先了解企業管理平台可帶來的效益

01 何謂企業管理平台？

02 企業管理平台之優缺點

03 為何要使用企業管理平台？

04 熟悉企業管理平台正確的設置方式

瞭解管理員與工作人員許可權，以保護帳戶

01 保護隱私，設定雙重驗證

02 添加工作人員，掌握工作人員配置

添加社群帳號，統一管理社群資產

01 集中整合粉絲專頁

02 共同管理廣告帳號

03 廣告帳號頻被封鎖解套法

04 同步串連Instagram帳號

05 集中部署應用程式

06 統一指定付款方式與通知

集中管理行銷資產，精準設定廣告

01	提升廣告成效 ── Meta像素
02	適時推送商品 ── 目錄
03	衡量實體通路行銷效益 ── 離線事件組合
04	跟蹤用戶和優化廣告 ── 自訂轉換
05	顧客價值精準投入 ── 共用廣告受眾
06	確認網域所有權── 網域驗證
07	指定廣告特定版位 ── 排除清單
08	管理潛在顧客，提升轉換率 ── Leads Access

新增合作夥伴，協助擴展行銷業務

01	邀請您的合作廠商一起加入 ── 合作夥伴
02	與合作夥伴的雙贏策略聯盟
03	有效管理行銷業務 ── 商家資產群組

＊課程執行單位保留調整課程內容師之權利

課程時數

- 共 14 小時

適合對象

- 需要進行 FB、IG 廣告宣傳的商家
- 具有多個粉絲頁、廣告帳戶、或多個客戶的企業
- 廣告代理商、廣告經理、行銷經理、行銷主管
- 想拓展品牌的創業者、老闆、頭家
- 正在或計畫與廣告代理商合作的企業

課程目標

- 透過企業管理平台建立五級顧客關係，擴大業務規模
- 透過企業管理平台工具吸引新顧客，拓展既有客群
- 瞭解中、小型企業可用廣告策略，創造新商機

課程特色

- 運用產品目錄與廣告像素等各項企業管理平台工具，提高銷售業績。
- 不只可以學習到如何有效管理粉絲專頁與廣告帳號，更可以學到如何有效地整合企業的 Facebook 與行銷資源，全方位提升行銷效益。
- 實戰經驗才是挑戰的開始，因此我們還會有個 Line 群組，無論課程中、課後，在您實戰時，有任何的疑難雜症，都有導師與顧問協助你解答，做您最堅強的後盾！

上課地點

本課程可依照個人需求選擇實體 or 遠距上課。

本課程可依照企業需求選擇企業內訓。

● **實體上課：**

商研院數位創新人才研究所，台北市復興南路一段 303 號 3 樓。

上課地點位於捷運大安站 6 號出口（道慈大樓）

註：上課地點與教室之確認，以上課通知函為主。

● **遠距上課：**

● 在網路環境暢通與電腦執行順暢之環境皆可上課
● 課程內容受著作權法保護，不得以任何形式傳輸、重製、散布或提供予公眾，以免觸法

課程優惠

● 購買本書之讀者，可享獨享早鳥優惠價，優惠代碼：cdri265155
● 團報優惠：二人團報可打 95 折、四人團報可打 9 折優惠。
● 團報優惠與獨享早鳥優惠可一併使用

課程報名Qrcode

課程諮詢

(02)7707-4975 財團法人商業發展研究院 訓練業務總監 傅小姐，或 E-mail：sincheaufu@cdri.org.tw

課程超值GO　買一送一！ 50% off

凡報名【FB 企業管理平台實務班】課程，即贈送【FB 社群經營 & 社群炒作秘訣實戰 進階班】線上課程，價值 2,000 元

課程緣起

努力想梗文，觸及率卻低到讓人想哭？天天發文，為什麼就是擴散不出去？賣力經營粉絲團，互動卻超低迷？

別再煩惱了！

在這門課程中，您將可以學到這些：

- 社群經營策略：跨出正確的第一步，妥善發展策略
- 發文內容規劃：內容議題要怎麼設計？怎麼安排？
- 找到精準客戶族群：不再亂槍打鳥、好友亂加一通

課程大綱

粉專基礎設定與善用優惠功能

01 粉專重度關聯基礎設定

02 鎖定企業內容，行銷活動信息

03 善用優惠、折扣或限時促銷

企業粉專社群行星經營策略

01 社群行星理論

02 企業粉專佈局技巧/ABC法則

03 惡意檢舉如何避免？

04 精選串聯粉專

怎樣寫出好貼文？FB 貼文優化技巧

01 粉專和行銷帳號的貼文周期規劃

02 貼文內容採集管理祕訣

03 善用採集小幫手

如何突破低觸及，提高信息能見度？

01	自然觸及率與標準門檻
02	貼文權重優先顯示
03	增加好友親密度
04	積極主動回應好友

粉專和行銷帳號的各項優化技巧

01	瞭解粉絲實際問題，提升內容價值
02	忌商業化貼文
03	勤給粉絲獎勵與提醒
04	內容優化設置

搜尋顧客與加好友小秘訣

01	獲取精準好友
02	鎖定高關聯粉專
03	觀察帳號，好友不亂加
04	如何彙整好友？
05	砍粉專用戶，善用**Marketing Tool**

年度行銷計畫與社群媒體計畫	
01	**Trello年度行銷規劃**
02	**分類社群媒體，排定計畫**

＊課程執行單位保留調整課程內容與講師之權利

課程特色

【FB 企業管理平台實務班】課程學員獨享之免費線上課程，總共 7 個單元，掌握 25 項核心經營技巧，放大社群行銷效益。

課程諮詢

(02)7707-4975 財團法人商業發展研究院 訓練業務總監 傅小姐，或 E-mail：sincheaufu@cdri.org.tw

企業行銷力 成長地圖

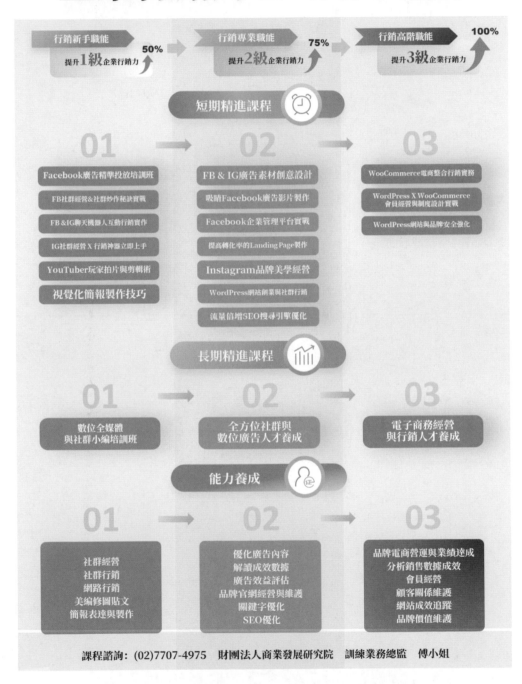

行銷新手職能　提升**1**級企業行銷力　50%

行銷專業職能　提升**2**級企業行銷力　75%

行銷高階職能　提升**3**級企業行銷力　100%

短期精進課程

01

- Facebook廣告精準投放培訓班
- FB社群經營&社群炒作秘訣實戰
- FB&IG聊天機器人互動行銷實作
- IG社群經營 X 行銷神器立即上手
- YouTuber玩家拍片與剪輯術
- 視覺化簡報製作技巧

02

- FB & IG廣告素材創意設計
- 吸睛Facebook廣告影片製作
- Facebook企業管理平台實戰
- 提高轉化率的Landing Page製作
- Instagram品牌美學經營
- WordPress網站創業與社群行銷
- 流量倍增SEO搜尋引擎優化

03

- WooCommerce電商整合行銷實務
- WordPress X WooCommerce會員經營與制度設計實戰
- WordPress網站與品牌安全強化

長期精進課程

01

- 數位全媒體與社群小編培訓班

02

- 全方位社群與數位廣告人才養成

03

- 電子商務經營與行銷人才養成

能力養成

01

- 社群經營
- 社群行銷
- 網路行銷
- 美編修圖貼文
- 簡報表達與製作

02

- 優化廣告內容
- 解讀成效數據
- 廣告效益評估
- 品牌官網經營與維護
- 關鍵字優化
- SEO優化

03

- 品牌電商營運與業績達成
- 分析銷售數據成效
- 會員經營
- 顧客關係維護
- 網站成效追蹤
- 品牌價值維護

課程諮詢：(02)7707-4975　財團法人商業發展研究院　訓練業務總監　傅小姐